灌区水资源实时调度研究与应用

徐冬梅　常向前　王路平　陈海涛　著

黄河水利出版社

内 容 提 要

本书结合我国灌区水资源管理的需要与现状,依据近年来多项节水灌溉管理课题的研究资料和研究成果,比较全面、系统地介绍了灌区水资源实时调度的理论、方法和技术。本书以河南省渠村灌区基本资料为依托,详尽论述了灌区水资源实时调度的理论、方法及数学模型,并将理论应用于渠村灌区实际。研究理论主要包括灌区水资源中长期来需水预报及优化调度、灌溉实时需水预报、预报误差实时修正、水资源实时调度模型与求解方法、实时动态渠系配水模型等。以理论研究为基础并结合数据库、GIS等现代化计算机技术,研发了渠村灌区水资源实时调度管理决策支持系统,为灌区水资源调度科学化、实时化、现代化的实现提供理论及技术支撑。

本书在内容上力求浅显易懂、实用易学,可作为高等院校水资源、农田水利或其他相近专业的教材,也可供从事节水灌溉工作的工程技术人员或相关领域的科研人员阅读参考。

图书在版编目(CIP)数据

灌区水资源实时调度研究与应用/徐冬梅等著. —郑州:黄河水利出版社,2007.12

ISBN 978 - 7 - 80734 - 328 - 8

Ⅰ.灌… Ⅱ.徐… Ⅲ.灌区 - 水资源管理 - 研究
Ⅳ.S274

中国版本图书馆 CIP 数据核字(2007)第 205888 号

———————————————————————————

出 版 社:黄河水利出版社

　　　地址:河南省郑州市金水路 11 号　　邮政编码:450003

发行单位:黄河水利出版社

　　　发行部电话:0371 - 66026940、66020550、66028024、66022620(传真)

　　　E-mail:hhslcbs@ 126. com

承印单位:黄河水利委员会印刷厂

开本:787 mm × 1 092 mm　1/16

印张:11.5

字数:260 千字　　　　　　　　　　印数:1—1 000

版次:2007 年 12 月第 1 版　　　　　印次:2007 年 12 月第 1 次印刷

———————————————————————————

书号:ISBN 978 - 7 - 80734 - 328 - 8　　　　　定价:29.00 元

前　言

　　进入 21 世纪以来,水资源问题已经成为制约我国经济迅速发展的瓶颈,特别是农业缺水更为严重,农业水资源短缺严重地制约着我国国民经济的发展。长期以来,我国农业水资源的开发利用缺乏科学有效的管理。面对前所未有的水资源危机,占总消耗用水约75%的农业如何应对这一危机,科学合理地利用农业水资源,对于从根本上解决我国"三农"问题,稳定国民经济基础,有着至关重要的作用。

　　水利现代化,首先是水资源调控现代化,实现水资源的优化配置是水利现代化的主要目标,应用当代先进的科学理论与高新技术对水资源进行实时监控、优化调度和统一管理,最终实现水资源的优化配置和可持续利用是我国水资源现代化管理发展的趋势,因此水资源实时优化调度研究的意义重大。

　　本书以可持续发展理论为指导,以区域水资源可持续利用为目标,针对我国区域农业用水特点,以渠村、东石岭、宁陵引黄补源等灌区和郑州市邙山区生态园的水资源优化配置研究及相关软件系统研制课题为依托,对灌区水资源实时优化调度理论进行了深入研究,利用实时动态配水计划真正指导灌溉用水,实现水资源的实时优化配置,最终达到"节水、高产、高效"的目的。本书内容主要包括灌区水资源中长期来需水预报及优化调度、灌溉实时需水预报、预报误差实时修正、水资源实时调度模型与求解方法、实时动态渠系配水、GIS 技术应用、灌区水资源实时调度管理决策支持系统研制等。

　　本书由华北水利水电学院徐冬梅、陈海涛,黄河水利科学研究院常向前,黄河水利出版社王路平共同编著。

　　本书凝结了集体的智慧,是作者近年来在水资源开发利用、水资源优化配置等方面部分研究成果的总结,书中基本资料的收集得到了黄河水利委员会河南黄河河务局、濮阳黄河河务局以及河南省水文水资源局、郑州市水利局等单位领导和专家的指导与帮助,得到了河南省高校创新人才培养工程项目和河南省科技攻关项目的资助。本书能够得以问世,要特别感谢华北水利水电学院邱林教授的帮助与指导。另外,本书在编写过程中,得到了黄鑫、柴福鑫、王文川、和吉、陈晓楠、段春青、周波等人的帮助,参阅引用了相关文献及研究成果。在本书正式出版之际,特向有关领导、专家以及为本书付出劳动的各位同仁表示衷心的感谢。

　　由于作者水平有限,书中谬误及不当之处在所难免,恳望读者不吝指正。

作　者

2007 年 10 月

目　录

第1章 绪 论

1.1 研究背景及意义

水是整个国民经济和人类生活的命脉,水资源的状况和利用水平已成为评价一个国家、一个地区经济能否持续发展的重要指标。水是人类赖以生存和发展不可代替的宝贵资源,是保障国民经济持续健康发展的重要基础。早在1977年联合国就公开向全世界宣告:水资源危机不久就成为一个极其严重的社会危机,继石油危机之后,接踵而至的便是水危机。随着社会经济的发展,特别是工业化、城市化进程的加快,水资源短缺已成为全球性危机。1992年初,有156个国家的代表参加的"世界水资源与环境大会"提出了警告:水资源短缺已成为当今人类面临的最严峻的挑战之一。至20世纪末及21世纪初,此种情况更令人忧虑。

1.1.1 我国水资源存在的问题及对策

水的利用涉及减轻贫困、粮食安全、能源生产和生态环境保护等多方面的重要问题。随着社会经济的迅速发展,水资源问题已成为世界各国政府和学者广泛关注的问题。目前,无论是发达国家还是发展中国家,无论是贫水国家还是水资源比较丰富的国家,都在全方位地进行水问题的研究。而我国作为世界上最大的发展中国家,人口多,水资源紧缺,水问题十分突出。

1.1.1.1 供需矛盾日益突出

我国水资源人均占有量2 300 m^3,只有世界人均水平的1/4,居世界第109位;平均每公顷水资源占有量27 000 m^3,只有世界平均水平的2/3,是世界上13个贫水国之一。按现状用水量统计,全国中等干旱年缺水358亿 m^3。其中农业灌溉每年平均缺水300多亿 m^3,平均每年受旱面积2 146.7万 hm^2,每年因旱灾减产粮食约200亿 kg。668个城市中,有400多个城市缺水,其中严重缺水的城市有110多个,全国城市日缺水量为1 600万 m^3,每年因城市缺水影响产值2 000亿元以上,影响城市人口约4 000万人。水资源短缺已成为我国社会经济发展的重要制约因素。

按照国际经验,一个国家用水量超过其水资源总量的20%就很可能发生水资源危机。从我国1997~2001年5年的水资源状况分析(见表1-1),1997年全国水资源总量为27 855亿 m^3,用水总量为5 566亿 m^3,利用程度已达到水资源总量的20%;1998年全国水资源总量为34 017亿 m^3,用水总量为5 435亿 m^3,利用程度达到水资源总量的16%,1999年、2000年均为20%,2001年为21%。这表明我国水资源在丰水年利用量接近水资源危机的边缘,平水和枯水年份已超过了国际上公认的水资源危机临界值。

表 1-1　1997～2001 年全国水资源总量及用水状况　　　　（单位:亿 m³）

年份	降水量	地表水资源量	地下水资源量	地表与地下水重复量	水资源总量	总供水量	总用水量	总用水量占水资源总量的百分比（%）	类别
1997	58 169	26 835	6 942	5 923	27 855	5 623	5 566	20	平水年
1998	67 631	327 216	9 400	8 109	34 017	5 470	5 435	16	丰水年
1999	59 702	27 204	8 387	7 395	28 196	5 613	5 591	20	平水年
2000	60 092	26 562	8 502	7 363	27 701	5 531	5 498	20	平水年
2001	58 122	25 933	8 390	7 455	26 868	5 567	5 567	21	平水年

资料来源:水资源公报,总用水量占水资源总量的百分比由作者计算所得。

随着社会经济的发展,对水资源需求量也越来越大,根据《中国 21 世纪议程》估计,2010 年我国人口将达到 14 亿人,2050 年 16 亿人,城市化将达到 56% 左右,届时城镇人口为 9 亿人,农村人口为 7 亿人,工业化与城市化的发展,必将挤占农业用水。据估计,2050 年用水总需求量将达到 7 000 亿～7 500 亿 m³,其中农业用水将达 4 200 亿 m³,而目前我国年总供水量约为 5 600 亿 m³,在现有供水能力基础上增加 1 400 亿～1 900 亿 m³ 的供水量,其前景是不容乐观的。若农业水资源不实现可持续利用,农业将难以发展。

与世界其他国家的水资源问题相比,中国的水资源问题既有共性,又有特性。中国幅员辽阔,东、西、南、北地理和气候等自然特征存在较大的差异,经济发展水平也不相同,从而使中国的水资源问题呈现多样性,大体格局是东南多、西北少,山区多、平原少;降水量大致由东南向西北递减,另外降水量年内分配也极不均匀,汛期水量过于集中,利用难度很大,非汛期又往往缺乏水量,同时降水量的年际变化大,丰水年与枯水年的水量相差悬殊,极易造成水旱灾害。

进入 21 世纪以来,水资源问题已经成为制约我国经济迅速发展的瓶颈,特别是农业缺水更为严重。我国是农业大国,农业是国民经济的基础,水是农业发展的命脉,水对农业有特殊重要的意义。农业是用水大户,灌溉用水量占总用水量的比值很大,新中国成立初农业用水量占总用水量的 97% 以上。自新中国成立以来,我国农业灌溉面积呈上升趋势,农业灌溉面积已从 1950 年的 1 600 万 hm² 增加到 1993 年 5 000 万 hm²,目前全国已建成的大中型灌区有 5 600 多处,全国有效灌溉面积发展到 5 660 万 hm²,在大中型灌区中,设计灌溉面积在 2 万 hm² 以上的大型灌区共有 402 处,总规划灌溉面积 1 920 万 hm²,约占全国有效灌溉面积的 35%,占耕地总面积的 14.7%。随着国民经济的发展,农业用水量在全国总用水量中的比重不断下降:1949 年我国农业用水量约为 1 001 亿 m³,占全国总用水量 1 030 亿 m³ 的 97.1%,到 1997 年该比例下降到 75.5%,据有关专家预测,到 2050 年我国农业用水量将降至 54%。干旱缺水已成为影响我国农业生产最大的且不断加剧的自然灾害,全国受旱成灾面积呈上升趋势。据有关资料分析,我国目前年均缺水总量(不超采地下水的情况下)为 300 亿～400 亿 m³,其中农业缺水占 80% 以上,因缺水少生产粮食 350 亿 kg 以上。

1.1.1.2 水资源浪费严重

我国灌溉用水一方面存在着短缺,另一方面存在着严重浪费的现象。目前我国许多农村地区仍采用大水漫灌的方式进行灌溉,灌溉定额过大,例如黄河上游的河套灌区引水量高达 8 000 ~ 10 000 m^3/hm^2;同时灌区中灌溉工程老化问题突出,农田灌溉大多是采用土渠输送,渠道输水损失大,跑、冒、滴、漏等问题严重,造成灌溉水的利用率相当低,灌区灌溉水的有效利用率仅为 0.3 ~ 0.4,井灌区的灌溉水利用率也只有 0.6 左右,灌溉用水浪费,远低于发达国家农业灌溉水资源有效利用率 0.8 左右的水平。面对水危机,要使农业持续发展就要发展节水型农业,以便合理开发利用水资源,使有限的水资源发挥更大的效用。节水型农业可充分利用降水和水利与农业措施,节约水资源,提高水的利用率和经济效益。

1.1.1.3 水污染问题日益突出

目前,我国无论是地表水还是地下水,水质污染都非常严重。根据 1998 年对全国 109 700 km 河流进行的评价,我国河流有 70.6% 被污染,约占监测河流长度的 2/3 以上,可见我国地表水资源污染非常严重。"八五"期间水利部组织有关部门完成了《中国水资源质量评价》,结果表明,我国地下水资源,无论是农村还是城市,浅层水或深层水均遭到不同程度的污染,且污染呈上升趋势。水污染日益严重必将导致水资源可利用量的减少,从而加剧水资源危机。

1.1.1.4 水资源"农转非"严重

水资源"农转非"是指农业水资源通过不同的途径改作它用。从世界角度来看,这是一种趋势,产生这种现象的根本原因是比较效益在发挥导向作用,可以估算,单位水资源所产生的农业效益远远低于工业所产生的效益。我国水资源"农转非"现象也很普遍,而且随着时间的推移趋势更加明显。随着水资源的"农转非",水资源配置逐步走向市场化,各行各业都面临着残酷的竞争问题。农业用水的形势最为严峻,竞争导致的优胜劣汰,使提高水资源的利用效率成为一种必然趋势。

1.1.1.5 生态环境问题

水资源过度开发,导致生态环境的进一步恶化。在目前地下水资源开发条件下,全国已经出现区域性地下水漏斗 56 个,总面积大于 8.2 万 km^2,地层沉陷的城市达 50 余个,其中北京的沉降面积达 800 km^2,环渤海平原区由于海水倒灌影响面积已达 1 240 hm^2。

解决我国水资源安全问题的基本出路是开源、节流和加强管理。现在进一步开源的难度越来越大,潜力有限,即使实施几大跨流域调水工程后,其总调水量也不会超过 400 亿 ~ 500 亿 m^3。节水却有很大的潜力可挖,据专家测算,运用先进的节水技术,我国农业可减少 10% ~ 50% 的需水,工业可减少 40% ~ 90% 的需水,城市减少 30% 的需水。如果我国农业用水的利用率提高 10 个百分点,就意味着每年可节水 400 亿 m^3。由此可见,实现水资源的高效利用是解决我国水问题、缓解水资源危机的根本出路。

目前我国水资源的利用效率与国际上相比较还很低。据有关资料分析,美国 1990 年用水效率为 10.3 美元/m^3,1989 年日本为 32.4 美元/m^3,我国 1995 年用水效率为 10.7 元/m^3,只有美国的 1/8,日本的 1/25。由此可见,提高我国水资源的利用效率还有很大的潜力。农业是我国用水大户,其节水潜力巨大,针对我国目前的水资源现状,只有加快节水工作的步伐,优化配置水资源,进行科学灌溉,提高灌溉水利用效率,才能从根本上缓解农业水危机,乃至解决我国水问题。

1.1.2　水资源实时调度研究意义

　　如何提高灌区管理水平和灌溉水资源的利用效率,是关系到我国农业是否能可持续发展的重大问题之一。灌溉用水管理的核心是实行计划用水。而指导计划用水的依据是用水计划,但常用的用水计划是静态的用水计划,难以指导实际用水管理。实际的用水过程总是要随着当时的水文、气象、作物需水状况的变化而变化的,因此只有动态用水计划才能更好地指导实际用水管理,真正实现"适时"、"适量"灌溉,达到节约用水、提高灌溉水资源利用效率的目的。

　　水利现代化,首先是水资源调控现代化,实现水资源的优化配置是水利现代化的主要目标,应用当代先进的科学理论与高新技术对水资源进行实时监控、优化调度和统一管理,最终实现水资源的优化配置和可持续利用是我国水资源现代化管理的发展趋势,水资源实时优化调度研究的意义重大。灌区水资源实时优化调度研究的目的在于,真正能指导灌区管理者或农民改善灌溉方法,做到适时适量灌溉,提高水资源利用效率,降低灌溉成本,缓解农业水危机。农业水资源的可持续利用缺乏科学有效的管理,有许多问题需要尽快解决。面对前所未有的水资源危机,占总消耗用水约75%的农业如何应对这一危机,科学合理地利用农业水资源,对于从根本上解决我国"三农"问题,稳定国民经济基础,有着至关重要的作用。

　　灌区水资源实时优化是以大量的基础资料和实时信息为基础依据的,这些信息除包含大量与时间有关的资料外,还涉及较多空间特性的信息,任一时间序列资料(诸如降雨、水位、流量)和文档资料(如渠系概况、闸坝资料)等都产生一个特定的空间位置。各信息所具有的影响和可能发挥的作用都与它所处的空间位置息息相关,运用传统的数据库管理系统难以同时对时间和空间信息进行分析与处理,而利用GIS技术来处理则能做到方便自如、形象直观,它不仅可以将此类信息看做许多具有空间特性的对象,而且能将这些对象的特征理解成数据自身的属性,进而分析研究它们自身和相互之间的关系及形象表示。引入地理信息系统平台技术将使系统的功能更加完善,实用性更强。

　　基于我国目前动态用水计划研究水平不高,灌区水资源实时优化调度模型还不完善,而提高农业水资源的利用效率又刻不容缓等特点,对实时优化调度模型的研究极具现实意义。

1.2　国内外研究现状及发展趋势

1.2.1　农业用水研究

1.2.1.1　农业用水管理的发展
　　1)从静态用水管理到动态用水管理
　　目前我国大部分灌区编制的用水计划都是以20世纪70年代水利部农水司颁布的

《灌溉管理手册》为依据。其做法是:在灌溉季节前根据作物高产对水分的要求,进行中长期灌溉预报,同时考虑水源的情况、工程条件以及农业生产的安排等,编制好用水计划,即确定各时期渠首的引取水量和各级渠道(或各用水单位)的配水流量、配水次序及配水时间等。其主要灌溉预报方法有两种:实际年法和频率年法。实际年法是参照过去某一特定年份的降雨量、作物需水量及其他水文气象特征,预先进行灌溉制度分析,确定灌水日期和灌水量;频率年法是以某一频率年的降雨和需水为依据进行水量平衡演算,预测灌水日期和灌水量。由于实际年法和频率年法都是只根据历史资料编制,不考虑不同年份的实际情况变化,故称为"静态用水计划"。

现实的灌溉用水过程和来水过程总是随着气象因素、土壤因素、作物因素、灌区内水资源状况及渠系工作状态而变化,不可能与历史上某一时期完全相同。"静态用水计划"往往与实际情况相距甚远,难以指导灌区的实际水资源调度工作。

"动态用水计划"是以历史资料和当前与来水及作物需水相关的资料为基础编制的一个初步用水计划,在动态用水计划中,特别强调计划执行过程应随着来水与需水情况的变化而变化,实时调整用水计划,用水计划的执行过程是一个实时调整、逐步优化逼近的过程。

2)灌溉管理向自动化发展

国际上公认,灌溉节水的潜力 50% 在管理方面,管理水平的提高对实现农业灌溉节水具有重要意义,因此实现灌溉用水的科学化管理至关重要。实际上,将计算机技术引入灌区用水管理工作,以提高用水管理水平和用水效率,也是实现农田灌溉现代化的客观要求。

1.2.1.2 动态用水管理研究及软件开发现状

动态用水管理在印度、巴基斯坦等一些国家的用水管理中已得到一定程度的应用。在以色列、日本、美国、澳大利亚及其他西方发达国家,均已采用先进的节水灌溉制度,由传统的充分灌溉向非充分灌溉发展。利用国际最先进的计算机技术和现代优化控制理论,对灌区用水实行动态管理,对不同类型的灌区,根据不同的目标进行实时自动控制,并进行多目标的优化,实现最优运行;灌区的节水率都在 30% 以上,充分发挥了灌区自动化系统的效益,有许多成功的先进经验值得我国借鉴和学习。

动态用水在国外已有几十年的发展历史,20 世纪 80 年代末联合国粮农组织就向我国推荐了灌区动态用水技术,1989 年亚洲开发银行对中国的援助项目"改进灌区管理与费用回收"中,极力推荐应用现代技术改进灌区管理。但在我国却是近几年才开始得到重视。

我国灌区水资源动态用水管理在理论方面已经取得了一定的成果。汪加权以水量平衡为理论依据,建立了多水源、多工程、多用户的动态用水管理模型;吴玉柏等以昭关灌区为背景,提出了水稻灌区实时预报优化调度的基本思想、逻辑程序和数学模型,并且建立了求解数学模型的线性逼近方法和网格搜索方法;李远华、贺前进等结合漳河灌溉用水微机管理的初步尝试,提出了进行实时灌溉预报和编制渠系动态用水计划的原理、方法与模型;周振民研究了灌溉系统供水计算模型,将灌区内作物概化为水稻和旱作物两种,分别以水量平衡原理和土壤水分模拟理论为基础建立稻田与旱作物灌溉供水计算模型;茹智等提出了根据天气类型、作物绿叶覆盖率和土壤有效含水率 3 项因素,进行作物需水量实时预报的方法与模型,并介绍了具体的预报步骤与计算框图。上述研究在实时需水量预测方法和实时调度理论等方面进行了有益的探讨,取得了许多成果。但是,还存在一定的问题,如在制定某日用水方案时,是在假定调度日后作物需水量能够完全满足的基础上进行优化配水的,这一假定显然不适用于水资源严重短缺的情况。在考虑未来的变化因素时,仅简单地用资料的均值来代表,不符合实际情况,用以指导水资源调度缺乏针对性,也不安全。

在实际应用方面,建立了灌区用水管理系统,如陕西洛惠渠的用水管理信息系统、湖南韶山灌区的微机自动监控系统、山西晋祠灌区的灌溉管理数据库系统、广西桂林青狮潭灌区节水决策软件、湖北江汉平原漳河灌区实时灌溉预报软件、山西洪洞霍泉灌区灌溉用水决策支持系统。范昊明、夏继红为了使资料显示更加直观化,对决策支持系统与地理信息系统的集成化技术进行研究,探求了灌区用水管理的新模式。

实时调度正随着计算机进入人们的日常工作和生活,与此同时,实时调度理论和技术将在实践中不断深入与发展。

1.2.2　中长期降水预测

降水预测是实时调度中的一个重要部分,对于指导灌区制定合理的灌水计划及确定未来年份的丰枯类型有至关重要的作用,因此确保实时调度顺利进行的关键之一在于中长期降水的准确预报。中长期降水预测是自然与技术领域内的一项研究难题,有着十分重要的理论和实际意义,目前就国内外的研究现状而言,由于其复杂性还处于探索阶段,其存在的主要问题是预报精度较低,在实际工作中难以有效地指导生产实践。早期降水预测的方法主要有数理统计预测方法、数学物理模型预报方法,随着数值计算技术的发展,水文预测同其他学科也有了交叉并产生了一些新方法,如人工神经网络方法、灰色系统预测方法、投影寻踪方法及均生函数预测方法等。降水预测从传统的线性回归预测、确定型时间序列预测、随机型时间序列预测、随机预测技术发展到模糊预测、灰色预测、神经网络预测、混沌时间序列预测以及这些方法的组合混合预测方法。以上预测方法均有各自的优缺点及适用条件,但由于影响降水的因素众多且它们之间的关系难以确定,因此如何提高它们的预测精度是目前研究的热点之一。

1.2.2.1　成因分析法

河川径流主要来源于大气降水,与大气环流有密切关系。一个流域或地区发生旱涝是与环流联系在一起的。分析研究大气环流与水文要素之间的关系一直是水文气象工作者深入探讨的课题。黄忠恕等分析了北太平洋和青藏高原下垫面热状况变化与长江流域汛期旱涝之间的关系,初步揭示出一些相关性。刘清仁以太阳活动为中心,以长期和超长期水文预报为目标,用数理统计分析方法,分析了太阳黑子和厄尔尼诺事件对松花江区域水文影响特征及其水、旱灾害发生的基本规律,揭示了降水量按磁周期呈丰、枯水变化的规律。章淹从水文气象学角度论述了近年国内在暴雨中期预报研究方面的若干新进展,探索了中期预报的方法。

1.2.2.2　水文统计方法

　　水文统计方法是通过水文资料的统计分析进行概率预测,可分为两大类:一类是分析水文要素自身随时间变化的统计规律,然后用这种规律进行预报,如历史演变法、时间序列分析法等;另一类是用多元回归分析法,建立预报方案,进行预报。目前应用较广的水文统计预报方法主要有多元分析法与时间序列法两种。多元回归分析常用的方法主要有逐步回归法、聚类分析法、主成分分析法等。这种方法的主要问题有如何合理选择因子个数,解决拟合效果与预报效果不一致的矛盾;由于预报值是取各个因子数据的均值,难以预报出极大或极小值的水文现象。时间序列分析是应用水文要素的观测记录,寻找其自身的演变规律来进行预报。常用的方法有平稳时间序列中的自回归模型法、周期均值迭加法、马尔可夫链法等。20 世纪 60 年代以前主要采取把序列分解成趋势、周期、平稳等项,然后再分项预测后进行迭加而得到预报结果。20 世纪 70 年代后,BOX 等提出的 AR-MA 类模型逐步应用于中长期水文预报。同时,具有非线性特点的 TAR 模型也开始用于中长期水文预报。

1.2.2.3　模糊分析

　　20 世纪 80 年代初,陈守煜等在水利、水文、水资源与环境科学领域中进行了模糊集的应用研究,并将模糊集分析与系统分析结合起来,形成了一个新的模糊随机系统分析体系;1997 年陈守煜又提出了中长期水文预报的综合分析理论模式与方法,该方法将水文成因分析、统计分析、模糊集分析有机地结合起来,为提高中长期水文预报的精度提供了一条新途径。

1.2.2.4　人工神经网络

　　人工神经网络是基于连接学说构造的智能仿生模型,是由大量神经元组成的非线性动力学系统,具有并行分布处理、自组织、自适应、自学习和容错性等特点。20 世纪 90 年代以来,人工神经网络在水文预报中的应用逐渐增多。蔡煜东等采用 Kohonen 自组织神经网络模型研究了鄱阳湖年最高水位的分类预报问题。吴超羽等认为人工神经网络模型具有生物神经网络的一些特性,能够"学习",因此易于应用在各种类型的流域系统;人工神经网络模型是高度非线性模型,能够有效地模拟本质为非线性的实际水文系统;人工神经网络模型在预报期和预报精度上较对比性模型(CAR、RWTL、AR)有明显的优越性。钟登华等提出了水文预报的时间序列神经网络模型,并指出探索利用输入输出数据进行建模的方法是十分必要的。胡铁松等对人工神经网络在水文水资源中的应用现状作了全面的介绍,并认为神经网络为一些复杂水文水资源问题的研究提供了一条有效的途径。Hsu 等提出了确定三层 BP 网络模型结构和参数的线性最小二乘单纯形法(LLSSIM),并认为三层结构的 BP 网络就能满足水文预报的一般需要。丁晶等认为当前单纯地分别应用确定性和不确定性的方法,面临着许多无法妥善处理的困难,因此有必要探索一种新思路和新途径。新思路就是模拟人脑思维方式来处理极端复杂系统中出现的各种各样的问题(判别、分析、预测、控制、调度等);新途径就是在人工神经网络理论的基础上,通过分析和计算,建立适应性很强的人工神经网络模型。过渡期(5、6 月份)的径流预测是个难题,丁晶等尝试应用人工神经网络模型预报兰州站过渡期的月径流量,结果表明,人工神经网络模型用做过渡期径流预报可行,且效果优于多元回归方法。胡铁松等提出了径流长期分级预报的 Kohonen 网络方法,有效地克服了人为给定监督信号进行径流分级预报存在的不确定性给预报精度带来的影响。冯国章等提出了基于径流形成机理的以时段降水量与前期径流量为预报因子的前向多层人工神经网络径流预报模型,分析了网络结构对预报精度的影响。邱林等提出了模糊模式识别神经网络预测模型,开创了神经网络拓扑结构建模的新思路。

1.2.2.5 灰色系统理论

灰色系统理论是邓聚龙于 1982 年创立的,十几年来发展较快。李正最认为灰色静态模型 GM(0,h)与多元线性回归模型在模型形式和参数辨识、方法处理等方面是相同的,因此两种模型用于水文变量相关分析所得结果一致。谢科范认为灰色系统理论在某些方面存在不少缺陷,与回归分析相比短期预测结果较好,长期预测结果欠佳。冯平等采用灰色系统理论中灰关联度分析方法,对枯水期径流量的预估模式进行了探讨。夏军基于时间序列多重信息利用的扩维原理和灰色系统理论的关联分析思想,提出一种适合于缺乏输入因子资料或选择影响因子有困难条件下的中长期水文预报方法。陈意平等认为GM(1,1)模型为水利系统的中长期预报提供了一种新方法。钟桂芳尝试应用灰色变基模型进行水库的长期水文预报。

1.2.2.6 其他预测

随着遗传算法及混沌分析的广泛应用,它们也被运用到了中长期降水预测中。针对流域降水时间序列的混沌性和随机性,黄国如等采用基于混沌识别的时间序列模型对降水预测进行了研究;张双虎等基于混沌时间序列的重构相空间、遗传算法的良好全局搜索和神经网络精确的局部搜索特性,以重构相空间中的饱和嵌入维数作为神经网络输入层节点数,通过采用遗传算法优化神经网络初始权重,将重构相空间、遗传算法、神经网络三者有机地结合,建立了相空间遗传 BP 神经网络预测模型。由于影响降水的因素众多,有时一种预测方法并不能将预测结果达到一定精度,因此需要几种方法结合来进行预测。Takasao 和 Nakakita 等提出了基于云物理学概念的降水预测模型,模型利用雷达反馈的三维分布信息来估计水蒸气转化为液态水的转化率,预测了降水分布的产生、发展、衰退和雨带的推移等主要特征;Wong 在已有观测资料的基础上,利用每日降水信息,采用空间内插的方法预测未知的降水,提出了自组织地图、反馈神经网络以及模糊系统相结合的方法预测降水;Fi - John 等将成因分析、统计分析以及模糊集理论同神经网络系统有机地结合起来,建立了基于神经网络的模糊系统径流预测模型。

1.2.3 作物需水量预测

作物需水量预测是实时灌溉预报的基础,也是拟定渠系动态配水计划的基础,由于作物需水量和参照作物需水量之间的比值可以通过作物系数与土壤水分修正系数来表示,而作物系数和土壤水分修正系数目前研究比较成熟,因此作物需水量的预测实际也就是参考作物需水量的预测,因此其关键在于参考作物腾发量的预测。对于作物腾发量的中长期预报,一般根据其与气象因素的关系,采用线性回归预测法,对于作物腾发量短期实时预报以前常用指数平滑预测技术,也有在短期气象预报的基础上采用线性回归预测方法。计算参考作物腾发量的方法很多,主要有经验公式法、水汽扩散法、能量平衡法和综合法等,其中以 FAO 定义彭曼－蒙特斯方法为计算 ET_0 的首选方法,其具有较充分的理论依据和较高的计算精度。为了使公式统一标准化,FAO 给出了参考作物的新定义,目前的研究均在此基础上进行。

由于影响作物需水量的因素较多,并且对于计算短时段内作物需水量时公式中的计算参数难以准确测定,因此目前多是利用人工神经网络或其他方法对作物需水量进行预测。国外,Alexandris 提出了仅需要太阳辐射、空气温度和相对湿度 3 个参数的逐小时的参考作物腾发量计算经验公式;Trajkovic 利用人工神经网络建立了参考作物需水量的预测模型,结果表明人工神经网络预测模型有较高的精度;Odhiambo 应用模糊数学的方法建立了作物需水量模型。

由于我国近几年内模糊理论和神经网络的研究有了突破性进展,我国学者也将这些理论运用到作物需水量预测中。郭宗楼等利用灰色关联空间对影响作物需水量的主要气象因子进行了分析,并通过 GM(1,1) 建立作物潜在需水量灰色预测模型,取得了满意的精度;刘钰等根据 1979 年联合国粮农组织推荐的改进彭曼公式存在的一些弱点,采用彭曼－蒙特斯方程及参照作物的新定义计算了作物的参考需水量,并将修正彭曼公式和彭曼－蒙特斯两种公式进行对比,建议国内应推广使用标准化的彭曼－蒙特斯公式;董斌等根据彭曼公式中所需气象因素多数不能准确定量预报的缺点,采用天气修正系数在多年平均最大旬参考作物需水量的基础上进行修改计算,对汉江平原棉花需水量进行实时预报计算;李远华等采用联合国粮农组织推荐的修正彭曼公式分析计算了霍泉灌区长系列参考作物的腾发量及其变化规律,在此基础上提出了该灌区作物需水量预测模型,分析了预测模型中参数 A_0 的变化规律,并在预报中进行修改;顾世祥等在充分利用实时信息的基础上,利用径向基函数法对参考作物腾发量进行了预测,取得了较精确的结果;崔远来等建立了基于进化神经网络的参考作物腾发量预测模型;张兵等应用 L－M 优化算法的 BP 神经网络,通过多维气象数据(太阳辐射、空气温度、湿度)与作物需水量的相关分析,确定网络的拓扑结构,建立作物需水量的人工神经网络模型;对作物需水量进行实时预测时,邸智等根据同一地区和相同年份内,相同天气类型条件下的 ET_0 数值十分稳定这一理论,对于一个地区根据长系列气象记录,计算出各月晴、云、阴、雨 4 种天气类型条件下的多年平均 ET_0 数值,在实时预报时可以直接利用多年平均值进行预报;邸智等提出了根据天气类型、作物绿叶覆盖率、土壤有效含水率 3 项因素进行作物需水量实时预报的方法和模型,介绍了具体的预报步骤与计算框图,改进了常规的预报方法,为实时预报提供了准确的依据。

1.2.4 灌区水资源实时调度

目前我国灌区农业灌溉水量还是依据历史资料,制定出典型年作物灌溉制度,以静态的灌水计划为指导,这与作物实际所需水量有较大的出入,既没有达到高产高效的原则又浪费了水资源量。水资源实时优化调度是根据短期的来水和用水预报,进行水资源系统的科学调度,以确定短期的管理运行策略,并使其与中长期最优运行策略偏离最小。这就要求我们兼顾中长期优化调度的规划指导作用和短期调度比较精确的特点,在中长期优化调度的基础上建立短期实时调度优化模型,二者相互渗透、互为前提和约束条件。

水资源实时优化配置是在中长期优化配置的基础上进行的,中长期水资源优化配置即是典型年水资源优化配置。对典型年水资源优化配置主要是研究在作物种植比例一定的条件下,对于非充分灌溉条件下的农作物间最优水量分配,也就是作物之间在全生长期及生长期各个阶段的水量最优分配问题。目前该类问题的研究方法比较成熟,主要有线性规划、非线性规划、动态规划、网络技术、多目标优化以及系统分解协调理论,随着现代科学方法的不断发展,混沌及遗传算法也被运用到优化计算中。

国外对水资源优化配置的研究始于 20 世纪 60 年代初期,1960 年科罗拉夫的几所大学对计划需水量的估算及满足未来需水量的途径进行了研究,体现了水资源优化配置的思想。Jamieson 和 Wilkinson(1972)建立了水库防洪预报调度系统,根据系统的来水量进行实时调度,揭开了实时调度的新篇章;Willian W – G. Yeh 等(1979)研究了水库系统的实时优化调度问题,并提出了水库系统优化调度的三级框套模型;S. A. Wasimi 等(1983)用线性二次高斯控制研究了水库实时优化调度;B. Datta 等(1984)基于机遇约束规划和线性决策规划,利用径流预报误差的条件分布,提出了以既定的防水、蓄水量加权偏差和最小为目标的水库实时调度随机优化模型;A. P. Georgakakos 等(1987)用线性二次控制概念提出了求解水库实时调度问题的迭代搜索法。

我国从 20 世纪 60 年代就开始研究水库实时优化调度问题,80 年代中期水利部水利调度中心开始研究水库防洪系统实时调度;胡振鹏、冯尚友(1988)研究汉江中下游防洪系统实时优化调度问题,提出了前向卷动决策与 DP 相结合的决策方法;进入 90 年代,国内的研究迅速发展,白宪台、龙子泉等(1990)采用随机方法对平原湖区除涝系统的实时调度进行了研究;李占瑛等(1991)针对湖区除涝排水系统的实时优化调度问题,考虑圩区径流和外河水位的长、短期预报,建立了随机 DP 和确定性 DP 相结合的实时优化调度模型。

实时调度应用于农业中,是在 20 世纪 90 年代以后,开始主要应用于水库灌区的调度当中,把灌溉效益作为一个效益函数,实质上还是水库调度问题;而后主要是侧重于实时灌溉预报理论的研究。吴玉柏等(1994)以昭关灌区为背景,提出了水稻灌区实时预报优化调度的基本思想、逻辑程序和数学模型,并且建立了求解数学模型的线性逼近方法和网格搜索方法;李远华等(1995)结合漳河灌溉用水微机管理的初步尝试,提出了进行实时灌溉预报和编制渠系动态用水计划的原理、方法及主要模型;雷晓云等(1996)对水库群供水系统优化和实时调度进行了研究;周振民(1997)研究了灌溉系统供水计算模型,将灌区内作物概化为水稻和旱作物两种,分别以水量平衡原理和土壤水分模拟理论为基础建立稻田和旱作物灌溉供水计算模型;茆智等(2002)提出了根据天气类型、作物绿叶覆盖率和土壤有效含水率 3 项因素进行作物需水量实时预报的方法与模型,介绍了具体的预报步骤与计算框图,改进了常规的预报方法,为实时预报提供了准确的依据。

国内外学者在典型年最优灌溉制度的研究上虽然已取得了不少成果,但由于影响农业灌溉的因素,如降水等气象因素、土壤水分状况以及作物长势等复杂多变,因此典型年的优化灌溉制度不能直接指导实际农业灌溉。确定条件下得出的代表年的优化灌溉制度,只能作为"静态用水计划"的基础和一种参考。正因如此,广大学者才开始研究灌区水资源的实时优化调度问题。由于灌区水资源的实时优化调度问题远比典型年的水资源优化调度问题复杂得多,要制定出真正能够指导生产实际的用水计划,实现适时适量灌溉,尽可能地提高灌溉水资源的利用效率,目前还有很多问题有待研究解决。如寻求更好的方法对 ET 进行更可靠、准确又便于应用的实时预报;由于实际降水、气象以及作物等众多复杂因素的影响,灌溉制度的优化设计问题中存在着很强的随机性和模糊性,需要系统地从不确定性以及不完备性角度进行详细的研究,这一研究涉及优化、预测、控制、决策等多方面技术问题。

　　灌溉水资源实时调度是农业水资源管理走向智能化、自动化和现代化的重要标志。灌区现代化管理的发展趋势是数字化、网络化、智能化、可视化和自动化,即降水资料、土壤墒情、作物生长状况等的实时监控采集自动化;资料传输和共享网络化;资料处理数字化,各种现代优化理论与技术的应用;优化方案的形成、筛选与智能化,计算结果的可视化等。建立的管理系统是计算机科学、地理信息科学、计算数学以及控制论等相关科学的有机融合,其发展方向是自动化和智能化。综合地利用地理信息系统、卫星遥感技术、全球定位系统、计算机、人工智能、信息技术,以及农业灌溉、气象学、系统工程等多学科的最新成果,提高调度的灵活性、可靠性、实用性,是灌溉实时调度今后的发展趋势。

　　灌溉实时调度是农业灌溉现代化管理的核心及重要组成部分,也是我国正在提倡的水利现代化的一个重要方面。在设施农业、精确农业和水利信息化蓬勃发展的今天,它具有更加广阔的应用前景。

1.2.5　GIS 在水资源管理决策中的应用

　　GIS 以其显著的多学科交叉特征和处理空间数据的独特功能,被广泛应用于众多研究和应用领域,其中在水资源综合开发利用中的应用也很迅速。荷兰政府自 1990 年开始组织有关单位合作研究开发"区域水文地质信息系统"(REGIS),可用于评价全国和省级规模水文地质状况,使用 REGIS 可以查询基本图形、水文地质数据、时间序列数据、地质和水文地质空间模型;美国休斯敦利用 GIS 数据库识别水源保护区内的潜在污染源;博茨瓦纳在其东南部的半干旱地区利用 GIS 结合野外数据和地理研究来识别地下水开采的目标区;美国阿肯色州利用地理信息系统开发一个自动程序,识别该州东部向单井供水的基本含水层,经过判别,确定了 23 500 口井。

　　陈刚等应用 ArcView 构建了山西临汾县的水资源管理信息系统;陈建耀等以地理信息系统软件 ArcView 为工具,集成了相关的图形、图像、报表、文档等数据和以往的研究成果,建立了柴达木盆地水资源信息系统,系统具有友好的界面和便利的查询、检索功能;张卫等将 GIS 应用于遵义红花岗区水资源管理,在充分研究遵义市红花岗区水文地质条件、水资源优化管理基础上,综合工作中所需图件、水文地质及其有关资料数据、模拟及优化结果、地下水渗流计算模型等多种信息集成一个地下水资源管理及辅助决策地理信息系统;杨健强等以地理信息系统 MapInfo 作为开发平台,设计并建立了松嫩盆地水资源开发管理信息系统,该系统的建立对松嫩盆地水资源一切管理状况和相关信息的查询、检索提供了方便,同时对松嫩盆地水资源的一切合理利用及其管理决策提供了科学依据;保翰璋等以"3S"技术及水资源管理专业模型为支撑,建立了集数据的采集、传输、存储、管理、分析、决策、输入、输出为一体的疏勒河流域水资源管理决策支持信息系统,为流域水资源优化配置策略提供科学的决策依据;Fipps 等论述了应用于灌区的 GIS 在提高灌区日常管理水平方面的潜力进展以及 8 个灌区遭到的困难,并给出实例来说明灌区如何使用 GIS 和 DMS 编制区域供水计划。

1.3　研究的主要内容

　　本次研究主要包括灌区水资源中长期来需水预报及优化调度、灌溉实时需水预报、预报误差实时修正、水资源实时调度模型与求解方法、实时动态渠系配水、GIS 技术应用等内容,并针对具体研究理论及所建模型,集成了灌区水资源实时调度管理决策支持系统,系统主要包括灌区中长期来需水量预测子系统、灌区水资源中长期优化调度子系统、灌区水资源实时优化调度及实时修正子系统、GIS 技术支撑子系统等几部分。

1.3.1　灌区中长期来需水量预测子系统

　　中长期水资源的预测一直是水资源优化调度的难题,但是一个好的调度模型又离不开准确的预报模型。在对灌区进行实时调度之前,首先要制定一套"静态用水计划",并以此为基础,根据当时的具体情况,临时修改制定的灌水计划。这就要求我们对未来年的来水情况进行预测,根据预测情况,确定该年的年型,并根据该年型预测相应的来需水量及其过程。

1.3.2　基于典型年的灌区水资源中长期优化调度

　　根据预测的年型,从历史年份中选择某年作为代表年,将该年的灌溉制度作为未来年的调度基础。对于各种年型,在灌区总灌溉水量不足的情况下,以灌区总效益最大为目标,将有限的水量先在不同的子区进行分配;由于每个子区都种植有若干种作物,再将分配到各子区的水量在不同作物间进行最优分配;最后各种作物在获得一定水量后,将其在不同生育阶段之间进行最优分配,从而确定基于典型年的灌区水资源中长期优化调度过程。

1.3.3　基于模糊聚类和模糊识别的实时修正系统

　　任何一种预测方法都必然存在误差,怎样及时地对预报误差作出修改,以使得最终的调度结果与理想的实际最优结果的偏差最小就成为本次研究的另外一个重点。本次研究通过对所选的模糊聚类的聚类指标进行逐时段的修正和不断地识别典型年的类型来及时调整调度结果;采用最大隶属原则和阈值原则相结合的判别法对典型年进行识别修正。每一次预测,都是以修正后的初始状态为基础,而不是事先确定的条件。然后,利用短期水文气象资料,对灌溉日期及灌水定额作出预测,从某种意义上说,在灌溉预报过程中,更重要的是利用各种反馈信息对前一时期的各种条件进行逐日修正。简单地说,运用计算机对各种最新的实际信息(如田间水分状况、实际气象资料等)进行分析处理。以此为基础,再对各种最新的预测信息(如天气预报、作物生长预测等)进行模拟分析,预测各种作物所需要的灌水日期和灌水量。这样不仅可以对典型年及时进行修正,而且避免了因识别因子稍微变化导致识别结果左右振动的弊端。

1.3.4　实时灌溉预报理论

实时优化调度是基于实时预报的调度,没有对来需水量的实时预报,实时调度就无从谈起。节水灌溉管理的核心是实行计划用水,而计划用水的关键在于灌水预报。灌溉预报是对在一定条件下作物所需的灌水日期及灌水定额作出预测。实时灌溉预报强调正确地估计"初始状态"及最新预测资料。要对未来10天的天气状况和作物的腾发量做出准确预测比较困难,本次研究根据未来时段的天气类型与作物腾发量的相关性以及与降水量的相关性建立了对应关系,只要给定未来天气类型就能对这些因素做出预报,并根据预报结果做出作物的实时灌溉预报,为短期调度提供决策依据。

1.3.5　灌区水资源实时调度模型研究

如何提高灌区管理水平和水资源的利用效率,是关系到我国农业是否能可持续发展的重大问题之一。灌区用水管理的核心是实行计划用水,而指导计划用水的依据是用水计划。但传统的用水计划是一种静态的用水计划,难以指导实际用水管理。实际的用水过程总是要随着当时的水文、气象、作物需水状况等的变化而变化的,因此只有动态用水计划才能更好地指导实际用水管理。

真实的灌区水资源调度过程是"预报、决策、实施、再预报、再决策、再实施"滚动向前的,且不断根据实际情况变化而调整的实时优化控制过程。本书正是基于这一背景,建立了基于中长期预报和实时预报的两层优化调度的耦合实时调度模型、实时修正系统及渠系实时配水模型。主要根据短期的来水和用水预报,进行水资源系统的科学调度,以确定短期的管理运行策略,并使其与中长期最优运行策略偏离最小,在中长期优化调度的约束下对面临时段进行短期优化调度就称为实时优化调度。在理论研究的基础上,利用模拟模型和优化模型相结合的混合模型对渠村引黄灌区进行了实例分析。成果表明,该理论能够很好地指导实践,使得调度结果较好地实现了"适时"、"适量"灌溉。

1.3.6　地理信息系统的应用

灌区的现代化管理是保证灌区系统充分发挥工程效益的重要措施之一,而水资源调度是灌区管理的核心工作。水资源调度是一个"预报、决策、实施、再预报、再决策、再实施"滚动向前且不断调整的动态过程,这一过程涉及众多空间特征的信息。将 GIS 技术引入灌区用水管理必将使灌区用水需水数据和灌区基本信息的显示更加直观化,并且通过对灌区所有信息进行综合的处理和分析,使灌区水资源优化配置,宏观、全局地制定出用水计划及发展战略,减少资源浪费,提高效率。同时,也可使管理者既能通过图形显示把握灌区实时用水及需水的总体状况,又能通过各种快捷的查询手段了解各种非图形因素的信息,使管理者可获取的信息量成倍地提高。基于以上原因,将 GIS 技术引入灌区用水管理必然加快灌区管理的科学化、实时化、现代化的步伐。

本次研究以 GIS 为技术支撑,利用 VB6.0 和 ESRI 公司提供的 MapObjects 组件对 GIS 进行二次开发,首先利用 Arc/Info 完成基础信息的采集,主要包括空间信息、空间位置的属性信息、文字信息;然后以基础信息为平台,结合具体应用需要,实现诸如电子地图显示、空间数据查询、属性数据查询、专题地图制作等功能;最后按照灌区水资源管理需求,建立灌区水资源管理查询系统,为灌区水资源实时调度提供决策服务。

1.3.7　灌区水资源实时调度管理决策支持系统

灌区水资源实时调度管理决策支持系统就是通过现代化的计算机技术、"3S"技术、田间及水情自动监测技术等高科技手段,利用实时动态配水计划,真正指导灌溉用水,达到"节水、高产、高效"的目的。它包括中长期来需水预报系统、中长期优化调度系统、灌溉实时预报系统、实时动态渠系配水系统、实时修正系统和田间水分动态模拟及监测系统等。

相关程序设计人员针对本次具体研究理论及所建模型,集成了灌区水资源实时调度管理决策支持系统,系统主要包括灌区中长期来需水量预测子系统、灌区水资源中长期优化调度子系统、灌区水资源实时优化调度及实时修正子系统、GIS 技术支撑子系统等几部分。该系统具有数据查询、中长期降雨预测、农业水资源实时调度及实时修正、GIS 图形显示等多种功能,该系统各子系统均能独立计算及实现成果输出打印。

第 2 章　区域水资源与研究区域概况

2.1　水资源及区域水资源

2.1.1　水资源含义

　　水资源是人类赖以生存和发展的基本物质之一,是人类生存不可替代、不可缺少的自然资源。关于"水资源"的含义,国内外文献中有多种提法,但至今尚未形成公认的定义。究其原因,主要有以下几个方面:①水的表现形式多种多样,如地表水、地下水、土壤水等,且相互之间可以转化;②水具有流动性、侵蚀性和许多化学特性,因此我们在谈到水资源时应包括水量和水质两方面;③水对社会发展形成许多基本的约束,如对土壤生产力、工业生产因子、能源资源以及人类健康的影响;④水与大多数社会部门有关——或是部门必需的物质基础,或对环境等多种因素的影响;⑤水作为研究对象,常涉及数学、物理学、化学、生物学、地学、气象学、水文学、地质学、环境学、经济学、社会学等众多学科。以下是对水资源几种较为权威的说法。

　　第一种:100 多年以前,即 1894 年,美国地质调查局(USGS)设立了水资源处,其主要业务范围是观测地表河川径流和地下水。显然,这里所指的水资源主要是路面地表水和地下水的总称。

　　第二种:K. P. Kalinin 为英国大百科全书撰写的条目"水资源"解释为"水资源是自然界一切形态的水,包括气态水、液态水和固态水"。

　　第三种:1977 年联合国教科文组织(UNESCO)建议"水资源应指可资利用或有可能被利用的水源"。

　　第四种:《中国大百科全书》在不同卷册中对水资源给予了不同的解释。在大气科学、海洋科学、水文科学卷,1987 年由叶永毅撰写的条目中,水资源被定义为"地球表层可供人类利用的水,包括水量(水质)、水域和水能资源,一般指每年可以更新的水量资源"。而在水利卷,1992 年由陈志恺撰写的条目中,水资源则被定义为"自然界各种形态(气态、固态和液态)的天然水,并将可供人类利用的水资源作为供评价的水资源"。

　　第五种:1988 年 1 月公布的《中华人民共和国水法》第二条:"本法所称水资源,是指地表水和地下水"。

　　从以上几种定义中我们可以看出,水资源定义是随着社会经济的发展而发生变化的,具有一定的时代特征。从可持续发展观点来看,淡水是维持陆地社会、经济、生态、环境发展不可缺少的物质基础,是人类生存的重要自然资源之一。因此,可认为一切具有可利用价值,包括各种不同来源或不同形式的淡水,均属于水资源范畴。它不仅指可被人们开发利用的那部分水,还有供生态环境使用的,以及暂时无法利用,但具有潜在使用价值的那部分水。由于时代不同、出发点不同,人们对水资源含义的认识也有所不同。

水资源通常是指较易被人类利用的淡水水源,可以逐年恢复的淡水水源。这是目前较为普遍的看法,并为世界大多数科学家和水资源工作者所接受。根据上述含义,水资源只是自然界水的一个很小部分。显然,地球上的水资源是非常有限的,大约只占总水量的百分之零点几,靠它维持着人类的生存和支撑着社会经济的发展。所以,水资源是非常有限和宝贵的。

2.1.2　区域水资源

区域水资源就是针对某一特定区域或地区的水资源,以该区域的水资源供需平衡问题为主要研究内容,按照该区域经济发展的趋势,对未来的来需水量进行预测,针对水的供需矛盾提出可行性战略对策,为国民经济的健康、快速、协调发展提供有力保证。

区域水资源供需分析涉及社会、经济、环境生态等各方面,问题多、关系复杂,一般要求分区进行,并且采取自下而上、从小到大,先分析后综合的方法进行研究。分区进行水资源的供需分析研究,既便于区分水资源供需平衡要素在地区之间的差异,探索开发利用的特点和规律,对不同的地区采取不同的对策和措施,又便于在把大区域化成小区域之后,使问题和关系得以相应简化,利于研究的开展。

区域水资源供需平衡分析是在特定分区基础上进行的,是区域水资源研究中最为基础而重要的一步。为了反映水资源量地区间的差异,分析各地区水资源的数量、质量及其年际、年内变化规律,提高水资源量的计算精度,在水资源评价中应对所研究的区域,依据一定的原则和计算要求进行分区,即划分出计算和汇总的基本单元。

2.1.2.1　分区的目标

有利于综合研究该区的水资源开发、利用、管理和保护等问题;有利于充分暴露本区的水资源供需矛盾;有利于资料的收集、整理、统计、分析;有利于计算成果的校正、验证,以及各分区之间的协调、汇总等。

2.1.2.2　分区的主要原则

(1)水文气象特征和自然地理条件相近,基本上能反映水资源的地区差别。既能突出各分区的特点,又便于在一个分区内采取比较协调一致的对策措施。

(2)尽可能保持河流水系的完整性。为便于水资源量的计算及应用,大江大河进行分段,自然地理条件相近的小河可适当合并。

(3)结合流域规划、水资源合理利用和供需平衡分析及总资源量的估算要求,兼顾水资源开发利用方向,保持供排水系统的连贯性。

2.1.2.3　分区的方法

水资源分区有按流域水系分区和行政分区两种方法。采用哪种方法分区,应根据水资源评价结果汇总要求和水资源分析计算条件及要求而定。

(1)成果汇总分区。一般有两种,即流域水系分区和行政分区。为了便于计算总水资源量,满足水利规划和开发利用的基本要求,评价成果要求按流域水系汇总,即水资源分区按流域水系划分。划分的基本单元的大小,视所研究总区域的范围酌情而定。为了计算评价各省(市、区)的水资源,评价成果要求按行政分区汇总,即按行政分区划分水资源汇总基本单元。全国按现行行政区,划分到省(市、区)一级。各省(市、区)和流域片,可根据实际需要,自行商定划分次一级行政区。

(2)计算分区。成果汇总分区便于资源总量的计算,能够满足水利规划及开发利用的基本要求,但也存在着两个问题:第一,有些基本单元不能完全满足水资源分区的原则(尤其是行政分区);第二,基本单元一般较大,单元面积内产汇流条件差异较大,影响水资源量的计算精度。为了提高分区水资源的计算精度,需要在汇总基本单元的基础上进一步划分计算小区,或称计算单元。

计算单元的划分主要考虑产汇流条件的差异。在气象要素变化较大,地形、地貌、土壤变化复杂的地区,即使在同一个区内,降水、蒸发、下垫面等条件也不尽相同,产汇流条件差异较大。此时,应按河流及水文站位置、河川径流特征、水文条件和开发利用条件等进一步划分计算小区即计算单元,计算单元越小,单元面积内产汇流条件差异越小,但单元面积上水文资料的完整性、代表性、系统性有可能降低。所以,计算单元的划分还要充分考虑水文资料的情况,既满足产汇流条件一致,又兼顾水文资料符合精度要求。

计算单元的划分,在山区应按流域水系分区,平原区可按排水系统结合供需平衡情况分区。各省(市、区)、地、县水资源评价,也可结合供需平衡区兼顾水资源开发利用按行政区划划分。

2.1.2.4 分区的大小

根据需要因地制宜,不宜过大也不宜过小。如若分区过大,把几个流域、水系或供水系统拼在一起进行调算,往往会掩盖地区之间的供需矛盾,造成"缺水"是真、"余水"是假的情况;如若分区过小,各项计算工作量将成倍增加。根据需要,供需矛盾比较突出,工农业生产比较发达的地区,分区宜小一些,关键性的水利枢纽范围要专门划出进行研究,城市和农村宜分开进行,山区和平原宜分开进行,也可根据需要,把有关的几项工作结合起来考虑分区,以便一方成果几方应用。划区时可以与以往的水资源工作相结合,参考以往的划区,尽量多利用过去工作的成果和资料,既方便工作又相互佐证。根据因地制宜的原则,供需矛盾不大的地区,分区可以大些,以节省统计分析工作量。此外,分区大小还应考虑资料情况和所采用的分析计算方法。

2.2 地表水资源评价

2.2.1 天然降水量分析计算

2.2.1.1 降水资料的收集及审查

1)编制图表

水资源分区确定之后,需对分区内的年降水量特征值、地区分布、降水量的年内分配和多年变化进行分析研究。一般要求编制下列图表:

(1)雨量站分布图。

(2)选用雨量站观测年限,站网密度表。

(3)选用站降水量统计表。

（4）多年平均年降水量等值线图。

（5）多年降水量变差系数 C_v 值等值线图。

（6）多年降水量偏差系数 C_s 与变差系数比值分区图。

（7）同步期降水量等值线图。

（8）多年平均连续最大 4 个月降水量占全年降水量百分率图。

（9）主要测站典型年降水量分配表。

2）资料收集步骤

资料的收集可按以下步骤进行：

（1）根据资料可靠、系列较长、面上分布均匀、能反映地形和气候变化等原则，在所研究区域内选用适当数目的测站资料（包括水文站、雨量站、气象站的降水资料），依次作为分析的依据。注意各站资料的同步性。

（2）为了正确绘制边界地区的等值线，为地区协调创造条件，需要收集部分系列较长的区域外围站资料，以供分析。

（3）对选用资料应认真校对，资料来源和质量应加以注明，如站址迁移、合并和审查意见等。

（4）选用适当比例尺的地形图，作为工作底图，并要求底图清晰、准确，以便考虑地形对降水的影响，从而较易勾绘等值线图。

（5）收集以往有关分析研究成果，如水文手册、图集、水文气象研究文献等，作为统计、分析、编制和审查等值线图时的重要参考文献。

3）资料审查

资料收集完毕，还要对资料进行详细的审查，主要包括：

（1）降水量特征值的精度取决于降水资料的可靠程度。为保证质量，对选用资料应进行真实性和一致性审查，对特大和特小值及新中国成立前资料作为审查的重点。

（2）审查方法通常可以通过本站历年和各站同年资料对照分析，视其有无规律可循，对特大、特小值要注意分析原因，是否在合理范围内；对突出的数值，要深入对照其汛期、月、日的有关数据，方能定论。此外，对测站位置和地形影响也要进行审查、分析。

对资料的审查和合理性检查，应贯穿整个工作的各个环节，如资料抄录、插补延长和等值线的绘制环节。

4）单站统计分析

单站统计分析的主要内容是对已被选用各站的降水资料分别进行插补延长、系列代表性分析和统计参数的分析确定。

为了减少样本的抽样误差，提高统计参数的精度，对缺乏年份的资料应当插补，对较短的资料系列应适当延长，但展延资料的年数不宜太长，最多不超过实测年数，相关线无实测点据控制的外延部分的使用应特别慎重，一般不宜超过实测点数变幅的50%。

资料插补延长的主要途径有：直接移用、相关分析、汛期雨量与年降水量相关关系移置法、等值线图内插、取邻站均值、同月多年平均，以及水文比拟法等。

2.2.1.2　资料代表性分析

资料的代表性，指样本资料的统计特性（如参数）能否很好地反映总体的统计特性，若样本的代表性好,则抽样误差就小,年降水成果精度就高。如果实测年降水样本系列是总体的一个平均样本,那么这个实测样本系列对总体而言有较好的代表性,据此计算的统计参数接近总体实际情况;如果实测样本系列处于总体的偏丰或偏枯时期,则实测样本系列对总体就缺乏代表性,用这样的样本进行计算会产生较大的误差。

因降水系列总体的分布是未知的,若仅有几年样本系列,是无法由样本自身来评定其代表性的。但据统计数学的原理可知,样本容量越大,抽样误差越小,但也不排除短期样本的代表性高于长期样本的可能性,只不过这种可能性较小而已。因此,样本资料的代表性好坏,通常通过其他长系列的参证资料来分析推断。

在邻近地区选择与设计站实测降水系列成因上一致,且具有长系列 N 年的参证站(该站与设计站资料的时序变化应具有一致性),分别用矩法公式计算参证站长系列 N 年的统计参数,以及短系列 n 年(与设计站同期)的统计参数。假如两者统计参数接近,就可以认为参证变量 n 年这一段系列在长系列 N 年中具有较好的代表性,从而推断设计站 n 年的年降水量系列也具有较好的代表性。如果两者统计参数相差较大(一般相对误差超过 5% ~ 10%),则认为设计站 n 年的年降水系列代表性较差,例如水量偏丰或偏枯,这时就应当尽量应用相关法插补延展系列,以提高系列的代表性。

代表性分析完毕后,可采用适线法计算分区内各站降水的统计参数。

2.2.1.3　降水量的地区分布

分区内各站降水资料,经过资料审查、插补延长、代表性分析和统计参数的确定,获得了各站以及各站点所代表附近区域的降水这一水文要素的变化规律,利用各站降水特征分析研究分区整体范围降水特性称为降水量地区分布。

降水量地区分布有以下表征方法:①多年平均年降水量等值线图。②多年降水量变差系数 C_v 值等值线图。③多年降水量偏差系数 C_s 与变差系数比值分区图。④同步期平均年降水量等值线图。此项内容根据水资源评价要求而定,如评价估算起止期年平均降水量等值线图以及相应的 C_v 等值线图;多年平均汛期降水量等值线图;多年平均各月降水量等值线图等。

绘制上述等值线图应主要依据下列原则和方法:

(1)将各站由统计分析求得的参数,分别标注在带有地形等高线的工作底图上,根据实测资料可靠程度、系列长短等因素,把分析代表站的参数划分为重要点据、一般点据和参考点据,以便勾绘等值线图时区别对待。

(2)绘图前,要充分分析了解分析区内水汽来源、冷暖风活动情况、降水主要成因、降水分布趋势及其量和变化等。勾图时,要综合分析,重数据但不拘泥于个别点据;充分考虑气候和下垫面条件,并参考以往分析成果。

(3)绘制山区降水量等值线图时,应特别注意地形对降水的影响。一般情况,随着高程的增加,降水量有逐渐增大的趋势;但应注意到,高程增加到某一高度时,降水量反而随高程的增加而减少。据一些研究成果,这一临界高程约在上腰偏上,即相对高度的 2/3 处。在山脉的各段、山间盆地的四周、与山脉方向一致的河谷地带,应分小区建立降水量与高程的关系,注意绘制的等值线与大尺度分水岭的走向一致,避免出现降水量等值线横穿山脉的不合理现象。

为了更好地分析研究降水地区分布规律,在地形变化较大的地区,可选择若干站点较多的年份,绘制其短期平均年降水量等值线图,作为绘制多年平均年降水量等值线图的参考。

(4)年降水量变差系数 C_v 值,一般在地区分布上变化不大,但由于各站代表性可能不尽相同,特别是多年系列参差不齐,一般应以长系列测站为主要依据绘制等值线图。对突出点据应分析是否包括丰、枯水份的资料,并要与邻站资料进行对比协调。有的区域幅员较大,难以绘制 C_v 等值线图,可以采用分区适线法确定各分区的 C_v 值,然后据以绘制全区域 C_v 等值线图。分区时以年降水量均值相差 $±5\% \sim 10\%$ 以内为原则,并要充分考虑自然地理特点。全区可划分为若干分区,分区内各站同频率雨量的均值作为分区的降水量系列。在气候条件略有差别的山区,可取各站同频率雨量横比系列数值的均值作为代表系列,然后根据这个系列进行适线,即可得到分区年降水量的 C_v 值。分区年降水量的 C_v 值一般有比较明显的地区分布规律。

对多年平均年降水量变差系数等值线图的合理性分析,应当注意下列几个方面:

第一,从地形、气候及其他地理条件进行检验,查等值线分布是否符合这一规律,高低值区是否合理,降水量与高程的关系是否异常。例如,靠近水汽来源的地区年降水量应大于远离水汽来源的地区,山区降水量大于平原区,迎风坡大于背风坡,高山背后的平原、谷地的降水量一般较小。降水量大的地区 C_v 值相对较小。

第二,多年平均年降水量等值线图要与陆地蒸发量、年径流量等值线图对照比较,并力求三者协调平衡。

第三,与邻近区域以及以往编制的等值线图进行比较,发现等值线的趋势、数值等有差异,应作进一步分析论证。

2.2.1.4　降水量年内分配和多年变化

1)降水量年内分配

降水量的年内分配通常采用以下两种方式表示:

(1)多年平均连续最大4个月降水量占全年降水量百分率及其出现月份分区图。选择质量较好、实测系列长且分布比较均匀的代表站,统计分析多年平均连续最大4个月降水量占多年平均年降水量的百分率及其出现时间,从而绘制降水量百分率图及其出现月份分区图,以反映降水量集中程度和相应出现的季节。

(2)代表站典型月降水量年分配过程。对不同降水类型的区域,分区选择代表站,统计分析各代表站不同典型年年降水的月分配过程,列出“主要测站典型年降水量分配表”和“代表站分时段平均降水量统计表”,以示年内分配及其在地区上的变化。典型年的选择原则是:年降水量接近设计频率的年降水量;降水量年内分配具有代表性;月分配过程对径流调节不利。

2)降水量多年变化

降水量的多年变化需要以下成果:

(1)统计各代表站年降水量变差系数 C_v 值或绘制 C_v 值等值线图。年降水量变差系数反映年降水量的年际变化,C_v 值越大,说明年降水系列比较离散,即年降水量的相对变化幅度大,该处水资源的开发利用也就不利。

(2)年降水量丰枯分级统计。选择一定数量具有长系列降水资料的代表站,分析旱涝周期变化、连涝连旱出现时间及其变化规律,结合频率分析计算,可将年降水量划分为5级:丰水年($P < 12.5\%$)、偏丰水年($12.5\% < P < 37.5\%$)、平水年($37.5\% < P < 62.5\%$)、偏枯水年($62.5\% < P < 87.5\%$)、枯水年($P > 87.5\%$)。由此对年降水量进行统计,以分析多年丰枯变化规律。

2.2.2　地表径流量分析计算

天然水资源是指在径流形成过程中,基本上未受到人类活动,特别是水利设施影响的地表径流量,它近似地保持径流的天然状态。

由于人类活动的影响,使流域自然地理条件发生变化,影响地表水的产流、汇流过程,从而影响径流在空间和时间上的变化,使水文测站实测水文资料不能真实地反映地表径流的固有规律。因此,为全面、准确地估算各河系、地区的河川径流,需对实测水文资料进行还原计算,得出天然径流量。

2.2.2.1　分析内容

天然径流分析,要求对年径流特征值、地区分布、年内分配和多年变化进行研究。需编制下列图表:

(1)水文站分布图。

(2)多年平均径流深、变差系数 C_v 等值线图。

(3)年径流偏差系数 C_s 与变差系数比值分区图。

(4)同步期年径流深和 C_v 等值线图。

(5)多年平均最大 4 个月径流占全年径流的百分率图。

(6)选用测站天然径流量特征值统计表。

(7)主要测站年径流年内分配表。

2.2.2.2　资料的收集和审查

收集径流量资料的要求与收集降水量资料的要求基本相同,主要内容有:

(1)摘录研究区域及其外围有关水文站历年流量资料,尽量选用正式刊印的水文年鉴资料;其次是专门站、临时站的资料。

(2)搜集流域自然地理资料,如地质、土壤、植被和气象资料等。

(3)搜集流域水利工程,包括水库工程指标、水库蓄水变量、蒸发和渗漏资料,以及工农业用水资料。

(4)审查水文资料,包括测站断面控制条件和检测方法、精度以及集水面积等。

(5)选择适当比例尺地形图,以此作为工作底图。

径流量资料的审查原则和方法与降水量资料的审查完全类同。

2.2.2.3　径流资料的还原计算

为使河川径流计算成果基本反映天然状态,并使资料系列具有一致性,对水文测站以上受水利工程等影响而减小或增加的水量应进行还原计算。

还原计算应采用调查和分析计算相结合的方法,并尽量搜集历年逐月用水资料,如确有困难,可按用水的不同发展阶段,选择丰、平、枯典型年份,调查其年用水量和年内变化情势。

还原计算的内容主要是:测站以上大、中型水库蓄变量,大、中型灌区耗水量,大、中城市工业及生活用水量,跨流域引水量,河道分洪水量等,应直接采用实测或调查资料,并尽量按年逐月还原计算。小型灌区耗水量可按典型调查分析估算。

1) 还原计算方法

还原计算方法主要有:

(1)分项调查法。本方法既适用于山区也适用于平原。还原项目有工农业用水(地表水部分)、水库蓄水变量、水库蒸发损失、水库渗漏、跨流域引水及河道分洪(决口)等。

还原计算所用的水量平衡方程式为:

$$W_n = W_m + W_{irr} + W_{ind} + W_{ret} + W_{ree} + W_{div} + W_{fd} + W_{res} \tag{2-1}$$

式中:W_n 为还原后的天然水量;W_m 为水文站的实测水量;W_{irr} 为灌溉耗水量;W_{ind} 为工业耗水量;W_{ret} 为计算时段始末水库蓄水变量;W_{ree} 为水库水面蒸发量和相应陆地蒸发量的差值;W_{div} 为跨流域引水增加或减少的测站控制水量;W_{fd} 为河道分洪水量;W_{res} 为水库渗漏量。

在估算还原水量时,水库蓄水变量、水库蒸发损失、跨流域引水量、大型灌区引水量等,一般可应用实测资料进行计算;中、小型灌区引水量和一些跨流域引水量,由于缺乏资料,可以通过调查实灌面积和净定额进行估算;河道的决口分洪量,应通过洪水调查或洪水分析计算来估算;关于水库渗漏量,包括坝身渗漏、坝基渗漏和库区渗漏三部分,在有坝下反滤沟的实测资料的水库,可以此作为计算坝身渗漏的依据,但坝基和库区渗漏难以直接观测,只能用间接的方法粗略估算。如利用多次观测的水库水量平衡资料,建立水库水位与潜水流量关系曲线,然后由库水位求得潜流,即坝基和库区渗漏量。

在山区,如果地下水开采量增加很快,减少了泉水涌出量和河川基流量,应进行泉水还原。还原方法有:当泉水流量比较稳定时,直接用多年平均泉水量与现状泉水量之差作为还原量;用降水量和泉水滞后相关法,即以若干年滑动平均泉域降水量和泉水量建立滞后相关关系进行还原。

在平原区,由于河网化、提(引)水灌溉、决口积涝等直接改变了平原测站断面以上河川径流量;而汇水范围内井灌和渠灌却改变了流域内潜水位的天然状况及下垫面的产流条件,使产流量减少或增加。若分项调查,统计的资料精度差,必然影响还原成果的可靠性。所以,平原区还可采用分析切割法和降水径流相关法。

(2)分析切割法。在同一张图纸上对照绘制降水、径流逐日过程线,选取降水、径流相应的洪水过程,将非降水形成的径流部分,如灌溉退水、城市排污水等从洪水过程中切掉,使之成为与降水相应的洪水过程,将全年几次降水形成的径流量累加,即为全年的天然径流量。

由于平原区在非汛期一般不产流,所以一般只需绘制汛期降水、径流过程线。

(3)降水径流相关法。在大量开采地下水的年份,地下水埋深急剧下降,造成降水大量补给地下水,使产流量减少,破坏了径流系列的一致性;在大量引外流域水量灌溉的年份,地下水位急剧上升,产流量增加,同样影响径流系列的一致性。此种情况的区域,可利用井灌较少及未受外流域引水影响年份的资料,绘制降水径流相关图,将此降水径流关系用于大量开采地下水和大量外流域引水的年份,由降水量推求径流量,把受人类活动影响的径流资料进行修正,保证系列的一致性。

2)合理性检查

还原计算完毕还需对其合理性进行检查。主要内容有:

(1)对工农业、牧业、城市用水定额和实耗水量要结合工农业特点、发展情况、气候、土壤、灌溉方式等因素,进行部门之间、地区之间和年际之间的比较,以检查其合理性。

(2)还原计算后的年径流量应进行上下游、干支流、地区之间的综合平衡,以分析其合理性。

(3)对还原计算前后的降水径流关系,进行对比分析。

2.2.2.4　年径流系列插补延长

当选用站只有短期实测径流资料,或资料虽长而代表性不足,或资料年限不符合评价要求年限时,若直接根据这些资料进行计算,求得的成果可能有较大的误差。为了提高计算精度,保证成果质量,必须设法插补延展年、月径流系列。通常采用相关分析法展延径流系列,选择合适的参证资料是该法的关键。参证资料应符合以下条件:

(1)参证资料要与选用站的年、月径流资料在成因上有密切联系,这样才能保证相关关系延展的成果有足够的精度。

(2)参证资料与选用站年、月径流资料有一段相当长的平行观测期(同步系列、$n > 10$年),以便建立可靠的相关关系(相关系数 $r > 0.8$)。

(3)参证资料必须具有足够长的实测系列且代表性较好,除用以建立相关关系的同步期资料外,还要有用来延展选用站缺测年份的年、月径流资料。

在实际工作中,通常利用径流量或降水量作为参证资料来展延选用站的年、月径流量系列。

2.2.2.5　年径流系列代表性分析

分析方法有:

(1)长短系列统计参数对比。

(2)年径流量模比系数累积平均过程分析。

(3)年径流量模比系数差积曲线分析。

具体分析计算原则及方法同降水量的代表性分析。在区域水资源评价中,为便于进行水文三要素的平衡分析和较大范围内水资源量的计算,一般要求所采用的系列同步,因为区域径流主要由降水形成,所以在同期系列中,年径流量的变化趋势与年降水量的变化趋势应基本一致。

2.2.2.6　年径流的地区分布

降水在地区分布的不均匀性,决定了径流在地区分布的不均匀性。对于较大研究范围,全区域总径流是平水年,各河或各分区不一定都是平水年,而一般是丰、平、枯各类都有;全区域是丰水年,往往是由部分河系或分区特大洪水造成的,其他区域是平水或枯水;全区域同时发生大水的机遇是存在的,但机遇较小;全区域同时发生干旱的年份对某些地区则可能较常见。年径流地区分布的研究,就是力图全面、准确地反映年径流量的上述特性。

年径流地区分布的表征方法有:

(1)多年平均年径流深等值线图。

(2)同步期平均年径流深等值线图。

(3)多年平均和同步期平均年径流 C_s/C_v 分区图。

(4)选用测站天然年径流量特征值统计表。

等值线图的绘制方法及原则,与年降水等值线图绘制方法基本相同。应特别注意的是,对泉水补给较丰富的测站,要按扣除泉水以后计算的统计参数值勾绘等值线图,同时在图上标明泉水出露点及其流量;在汇水范围内有漏水区时,也应在图上圈出漏水区,以反映地表水资源的实际情况。

2.2.2.7 年径流量年内分配和多年变化

年径流量的年内分配和年际变化的分析方法及具体内容基本类似于年降水量。径流的年内分配需绘制出多年平均最大 4 个月占全年径流量的百分率图以及统计代表站各种典型年径流量的分配过程。对于径流的年际变化,统计各代表站年径流量变差系数 C_v 值和偏差系数 C_s 与变差系数的比值,并绘制它们的等值线图和分区图;统计丰、平、枯水年年径流量的特征值。

年径流量的多年变化通常包括变化幅度和变化过程。以降水补给为主的河流,年径流的多年变化除受降水年际变化的影响外,还受流域的地质地貌、流域面积大小、山区平原面积的相对比重影响。由于流域面积越大,流域降水径流的不均匀性越大,从而各支流之间的丰枯补偿作用也越大,使年际变化减小;同时,面积越大的河流,一般基流量也越大,也起减缓多年变化的作用;而面积太小,流域往往不闭合,所以年径流 C_v 等值线图及年径流 C_s/C_v 分区图,主要依据中等面积站点绘制。由于泉水比重大的站点采用扣除泉水的 C_v、C_s/C_v 值绘制图,所以这些参数图是反映以降水为补给源的河流的 C_v、C_s/C_v 地区分布规律。

区域内年径流的多年变化应呈现与降水类似的地带性差异,不同的是径流同时受下垫面因素的影响,变化幅度更大,地区之间的差异也应更悬殊。在水资源评价中,应注意径流量与降水量的这种规律性。

2.2.3 区域地表水资源计算

区域地表水资源是指设计区域内降水形成的地表水体的动态水量,用天然河川径流量表示。区域地表水资源不包括过境水量。前面所述的单站径流量分析计算成果,代表了径流站以上汇水区域的地表水资源量,而设计区域往往不恰好是一个径流站的汇水区域,即设计区域是非完整流域,一般包含一个或几个不完整水系的特定行政区。所以,区域地表水资源的计算方法与单站径流量的分析计算有所不同,但前者是后者的基础。

2.2.3.1 区域地表水资源的计算内容

区域地表水资源的计算即为区域内河川径流量的计算,计算内容包括:

(1)区域多年平均年径流量。

(2)不同设计保证率的区域年径流量。

(3)不同设计典型年区域年径流的年内分配。

(4)区域年径流的空间分布。

为了避开局部与整体频率组合的困难,当区域内有多个计算单元时,在分析计算中可先估算各计算单元的逐年年径流量,再计算区域的逐年年径流量;然后利用区域年径流量系列进行频率分析,推求区域地表水资源的年内、年际变化规律和空间分布规律。

2.2.3.2　区域地表水资源的计算方法

根据区域的气候及下垫面条件,综合考虑气象、水文站点的分布、实测资料年限及质量等情况,区域河川径流量计算常用的方法有:代表站法、等值线图法、年降水径流关系法和水文比拟法。

1)代表站法

在设计区域内,选择一个或几个代表站(或控制站),分析实测及天然径流量,根据代表站逐年天然径流系列,按面积比或综合修正的方法计算设计区域的天然年径流系列,在此基础上,进行频率计算,推求区域多年平均及不同保证率的年径流量,这种方法称为代表站法。

此法适用于有实测径流资料的区域。所选代表站实测径流资料系列较长并具有足够精度。代表站法依据所选代表站个数和区域下垫面条件的不同而采取不同的计算形式。

对于单一代表站,该站控制流域面积与设计区域相差不大,产流条件基本相同,则可用下式计算设计区域的逐年径流量。

$$W_d = \frac{F_d}{F_r} W_r \tag{2-2}$$

式中:W_d、W_r 为设计区域、代表站年径流量,亿 m^3;F_d、F_r 为设计流域、代表流域面积,km^2。

若区域内不能选择一个控制流域面积与设计流域面积相差不大的代表站,且上下游产汇流条件亦有较大差别时,可选用与设计区域相似的部分代表流域,如区间集水面积,这种情况采用的计算公式为:

$$W_d = \frac{F_d}{F_r} (W_{ru} - W_{rd}) \tag{2-3}$$

式中:W_{ru}、W_{rd} 代表流域入境、出境年径流量,亿 m^3;其他符号意义同前。

对于多个代表站,区域可以选择两个或两个以上代表站。将设计区域按气候、地形、地貌等划分为若干分区,一个分区对应着一个代表站,先计算各分区逐年径流量,再相加得全区的逐年径流量。计算公式为:

$$W_d = \frac{F_{d1}}{F_{r1}} W_{r1} + \frac{F_{d2}}{F_{r2}} W_{r2} + \cdots + \frac{F_{dn}}{F_{rn}} W_{rn} \tag{2-4}$$

式中:$W_{r1}, W_{r2}, \cdots, W_{rn}$ 为各代表站年径流量,亿 m^3;$F_{r1}, F_{r2}, \cdots, F_{rn}$ 为各代表站控制流域面积,km^2;$F_{d1}, F_{d2}, \cdots, F_{dn}$ 为各分区面积,km^2;W_d 为设计区域年径流量,亿 m^3。

若设计区域内气候及下垫面条件相差不大,产汇流条件相似,则上式可以改写为如下形式:

$$W_d = \frac{F_d}{F_{r1} + F_{r2} + \cdots + F_{rn}} (W_{r1} + W_{r2} + \cdots + W_{rn}) \tag{2-5}$$

无论是单一代表站还是多个代表站,上述计算公式只反映了面积对年径流量的影响,为了提高精度,应考虑年降水量对年径流量的影响,特别是当设计流域与代表流域的下垫面条件有差别时,不宜采用简单的面积比法。代表站法的上述公式应改写成下列形式:

$$W_d = \frac{F_\alpha P_\alpha}{F_r P_r} W_r$$

$$W_d = \frac{F_\alpha P_\alpha}{F_r P_r} (W_{ru} - W_{rd})$$

$$W_d = \frac{F_{\alpha 1} P_{\alpha 1}}{F_{r1} P_{r1}} W_{r1} + \frac{F_{\alpha 2} P_{\alpha 2}}{F_{r2} P_{r2}} W_{r2} + \cdots + \frac{F_{\alpha n} P_{\alpha n}}{F_{rn} P_{rn}} W_{rn} \tag{2-6}$$

式中:P_α、P_r 为设计区域、代表流域的年降水量,mm;$P_{\alpha 1}$,$P_{\alpha 2}$,$\cdots$,$P_{\alpha n}$ 为各分区的年降水量,mm;P_{r1},P_{r2},$\cdots$,P_{rn} 为各代表流域的年降水量,mm。

求得设计区域逐年年径流系列之后,即可计算该流域的多年平均径流量和不同保证率的年径流量。

2)等值线图法

等值线图法适用于设计区域面积不大,该区内缺乏实测径流资料,但在包括该区内的较大面积(气候一致区)上具有多个长期实测年径流资料控制站的情况。

根据中等流域面积的控制站资料,计算各站的统计参数;多年平均径流深 R、变差系数 C_v 和偏差系数 C_s,绘制多年平均径流深等值线图、变差系数等值线图、偏差系数与变差系数比值分区图。

绘制参数等值线图时应注意以下几点:最好选择集水面积在 $300 \sim 5\,000\ \text{km}^2$ 的径流控制站;统计参数数值点绘在控制流域的中心;考虑地形、地质条件的影响。

应当指出的是,等值线图用于大小不同的区域,其精度是不同的。大区域一般均有长期实测径流资料,实际上等值线图的实用意义不大。对于中等面积的流域,等值线图有较大的实用意义,其精度一般也较高。对于小面积区域($300 \sim 500\ \text{km}^2$),等值线图的误差可能较大。因此,小面积区域应用等值线图推求年径流量时,应进行实地调查,结合具体条件加以适当修正。

3)年降水径流关系法

年降水径流关系法适用于设计区域内具有长期面均年降水资料,但缺乏实测年径流资料的情况。此法推求年径流的过程如下:

步骤 1:在设计区域所在的气候一致区内,选择与设计区域的下垫面条件比较接近的代表流域。代表流域具有充分实测降水资料和径流资料。

步骤 2:分析计算代表流域的逐年面均年降水量 P 和逐年径流深 R。

步骤 3:建立代表流域年降水径流关系图。

步骤 4:分析计算设计区域的逐年面均年降水量。

步骤 5:依据设计区域逐年面均年降水量,在代表流域的年降水径流关系图上查得逐年径流深。

步骤 6:用查得的逐年径流深乘以设计区域面积得该区的逐年年径流量。

步骤 7:通过频率分析计算可求得设计区域的多年平均年径流量和不同保证率的年

径流量。

在年降水径流关系点据比较散乱时,可选择适当参数加以改善。如在干旱、半干旱地区,建立以汛期雨量集中程度为参数的年降水径流关系图。

4)水文比拟法

水文比拟法适用于设计区域无实测径流资料的情况。此法的关键是选择恰当的参证流域(或称代表流域)。参证流域与设计流域在气候一致区内,两者的面积相差不大(一般在 10% ~15% 以内),影响产汇流的下垫面条件相似,且参证流域具有长期实测径流资料。

水文比拟法就是将参证流域的年径流资料移置到设计流域上来的一种方法。为了提高精度,可以两者的面积比及面均降水水量比(设计区域有降水资料时)对多年平均年径流量加以修正,即

$$W_d = \frac{F_d P_d}{F_r P_r} W_r \tag{2-7}$$

式中:W_d、W_r 为设计流域、参证流域多年平均年径流量,亿 m^3;F_d、F_r 为设计区域、参证流域面积,km^2;P_d、P_r 为设计区域、参证流域多年平均降水量,mm。

年径流量的 C_v 值和 C_s/C_v 值,可以直接移用参证流域的相应数值,有条件时,可以根据流域特性的差异略加修正。确定设计流域年径流量的统计参数,依据设计标准,可推求不同保证率的设计年径流量。

2.2.3.3　区域地表水资源的计算成果

(1)年径流的年际变化特征值。包括区域年径流系列的统计参数以及相应于不同保证率的设计年径流量。

(2)年径流的年内分配特征。包括多年平均最大 4 个月占全年径流的百分率和各种典型年(多年平均、不同保证率)径流量月分配过程统计表。

(3)年径流的空间分布。当设计区域范围较大时,应绘制多年平均径流深 R、变差系数 C_v 等值线图和 C_s/C_v 分区图。也可制作各分区年径流特征值表。

2.2.3.4　区域地表水资源计算成果的合理性审查

(1)特征值在地区分布上应有一定规律性,上下游、干支流应取得平衡。对个别突出点应进行检查,找出原因,进行修正。

(2)各分区的平均径流深应与等值线图量算结果接近,要求误差在 ±5% 之内。

(3)各分区应与上下游、控制站进行平衡分析,如出现负值、偏大偏小,应检查原因(还原计算、测验精度、河道渗漏、蒸发影响等)。当误差在 ±3% 的范围内,对各分区水资源量可不进行平差。

2.3　地下水资源评价

2.3.1　地下水的主要类型

地下水储存并运动于岩层的空隙中。如松散岩层中的孔隙、坚硬岩层中的裂隙以及

可溶岩层中的溶隙及溶洞等。根据岩层的给水和透水能力,可以分为含水层和隔水层。含水层是指富集有重力水的饱和带;隔水层是指那些给水和透水能力都很差的岩层。水在岩层中存在的形式是多种多样并相互转化的,按其埋藏条件可以把地下水分为上层滞水、潜水和承压水三种类型。

上层滞水是指存于包气带中局部隔水层或弱透水层上面的重力水。它一般分布范围不大,如在较厚的砂层或砂砾石层中夹有黏土或亚黏土透镜体时,降水或其他方式补给的地下水向深处渗透过程中因受相对隔水层的阻挡而滞留和聚集在局部隔水层之上,便形成了上层滞水。

上层滞水因完全靠大气降水或地表水体直接渗入补给,水量受季节控制特别显著。一些范围较小的上层滞水旱季往往干枯无水,当隔水层分布较广时可作为小型生活用水水源。这种水的矿化度一般较低,但因接近地表,水质容易被污染,作为饮用水源时必须加以注意。

潜水是埋藏于地下第一稳定隔水层之上,具有自由表面的重力水。它的上部没有连续完整的隔水顶板,通过上部透水层可与地表相通,其自由表面称为潜水面。潜水面至地表的距离称为潜水位埋藏深度,也叫潜水位埋深。潜水面至隔水底板的距离叫潜水含水层的厚度。潜水面上的任一点距基准面的绝对标高称为潜水位(h),也称潜水位标高。

潜水的这种埋藏条件,决定了潜水具有以下特征:

(1)由于潜水面之上一般无稳定的隔水层存在,因此具有自由表面,为无压水。有时潜水面上有局部的隔水层,且潜水充满两隔水层之间,在此范围内的潜水将承受静水压力而呈现局部承压现象。

(2)潜水在重力作用下,由潜水位较高处向潜水位较低处流动,其流动的快慢取决于含水层的渗透性能和水力坡度。潜水向排泄处流动时,其水位逐渐下降,形成曲面形表面。

(3)潜水通过包气带与地表相连通,大气降水、凝结水、地表水通过包气带的空隙通道直接渗入补给潜水,所以在一般情况下,潜水的分布区与补给区是一致的。

(4)潜水的水位、流量和化学成分都随着地区和时间的不同而变化。

潜水补给来源比较充裕,直接接受大气降水、地表水等补给,水量往往比较丰富,且又易补充、恢复,是非常好的供水水源。但潜水易受污染,应注意水源的环境保护。

充满于两隔水层之间的含水层中的水称为承压水。承压含水层上部的隔水层称为隔水顶板,下部的称为隔水底板。顶、底板之间的距离为含水层厚度。地下水在静水压力作用下,上升到含水层顶板以上某高度,该高度为承压水头,承压水头高出地表时,钻孔能够自喷出水。

当水不能充满于两个隔水层之间时,水就不承受静水压力,对上部隔水层也没有上托力,这种水称为无压层间水。当钻孔穿透上隔水层时,上层滞水就会漏下去。勘探中常常遇到井孔中的水位突然下降或水量突然消失,就是这个原因造成的。

承压水由于有稳定的隔水顶板,因而与外界的联系较差,与地表的直接联系大部分被隔绝,所以它的埋藏区与补给区不一致。承压水受当地水文、气象因素的影响不明显。主要靠出露地表的含水层得到补给,上部潜水也可越流补给承压含水层。承压含水层的排泄方式是多种多样的,它可通过标高较低的含水层出露区或断裂带排泄到地表水、潜水含水层或另外的承压含水层,也可以直接以泉水的形式排泄。

承压水供水量的大小,取决于含水层的分布范围、厚度、岩性和补给来源的大小。含水层分布范围越广,厚度越大,有充足的补给源,则可提供丰富的水量。但是承压水,尤其是深层承压水,补给距离长,补给周转慢,一旦超采,形成较大的超采漏斗,就很难恢复。

2.3.2　地下水循环

2.3.2.1　地下水的补给

地下水的循环是指地下水的补给、径流和排泄过程。含水层从大气降水、地表水及其他水源获得补给后,在含水层中经过一段距离的径流再排出地表,重新变成地表水和大气降水,这种补给、径流、排泄无限往复进行就形成了地下水循环。

含水层自外界获得水量的过程称为补给。地下水的补给来源,主要为大气降水和地表水入渗,以及大气中水汽和土壤中水汽的凝结,在一定条件下尚有人工补给。

大气降水包括雨、雪、雹等。当大气降水落到地表后,一部分变成地表径流,一部分蒸发重新回到大气圈,剩下一部分入渗补给地下水。

地表水包括江、河、湖、海、池塘、水库、水田等。在这些地表水体附近,地下水有可能获得地表水补给。如黄河下游的郑州市以东的冲积平原,黄河河床高出两岸 3 ~ 5 m,在河水充分的补给下,背河洼地潜水埋深一般有 2 ~ 3 m。在干旱地区,河水的渗漏常常是地下水的主要补给源。

地下水的人工补给,就是借助某些工程设施,人为地将地表水自渗或用压力引入含水层,以增加地下水的补给量,缓解、克服由于地下水的超采所带来的环境水文地质问题。从发展的观点看,人工补给地下水势必越来越成为地下水的重要补给源之一,尤其在一些集中开采地下水的地区。

地下水补给条件,主要取决于以下两方面:一是补给源,包括降水量的大小、历时,地表水水体的水量、流量和水位;二是不同地区接受补给的能力,包括地形、植被、岩性、构造和地下水的埋藏深度等。

2.3.2.2　地下水的排泄

含水层失去水量的过程称为排泄。在排泄过程中,地下水的水量、水质及水位都会随着发生变化。地下水的排泄方式有泉、河流、蒸发和人工开采等。

泉是地下水的天然露头。地下水只要在地形、地质、水文地质条件适当的地方,都可以泉水的形式涌出地表。因此,泉水常常是地下水的重要排泄形式,如山西娘子关泉等。泉水一般在山区及山前地带出露较多,尤其是山区的沟谷底部和山坡脚下。平原区一般堆积了较厚的第四纪松散岩层,地形切割微弱,地下水很少有条件直接排向地表。因此,泉很少见。

地下水向地表水排泄是在地下水水位高于地表水位时出现,特别是切割含水层的山区河流常常成为主要的排泄方式。地表水接受地下水排泄的形式有两种:一是沿河流呈线状排泄;另一种是比较集中地排入河中,岩溶地区的地下暗河出口就代表了这种集中排泄。

　　蒸发排泄是指地下水通过土壤蒸发、植物蒸发而消耗的过程。在干旱、半干旱的内陆地区,地下水蒸发排泄非常强烈,常常是地下水排泄的主要方式。

　　影响地下水排泄的因素主要有两个方面:一是地形、地质、水文地质条件的控制,如地形的起伏和切割程度、岩性变化、地下水埋深等;二是受气候、水文条件的控制。

2.3.2.3　地下水径流

　　地下水由补给区流向排泄区的过程称为径流。除某些构造封闭的自流水盆地及地势很平坦的潜水外,地下水都处于不断的径流过程中。径流是连结补给和排泄的中间环节,通过径流,地下水的水量和盐量由补给区输送到排泄区。径流的强弱影响着含水层水量和水质的形成过程。因而地下水的补给、径流和排泄是地下水形成过程中一个统一的、不可分割的循环过程。地下水径流研究包括径流方向、径流强度、径流量等。

　　径流方向,即地下水的运动方向,一般是从补给区流向排泄区,从水位高处流向低处。在具体表现形式上有一维线状流、二维平面流和三维空间流。

　　含水层的径流强度,一般用平均渗透速度来表征。根据达西定律 $V = K\Delta H/L$,故有径流强度与含水层的渗透性(K)、补给区与排泄区的水位差(ΔH)成正比,与补给区到排泄区的距离(L)成反比。

　　地下水径流量除可用达西公式计算外,还可用地下水径流模数(M)来表示,即用每平方公里含水层面积上地下水径流量为每秒若干升表示,即

$$M = \frac{Q \times 10^3}{F \times 365 \times 86\,400} \quad (\mathrm{L}/(\mathrm{s} \cdot \mathrm{km}^2)) \tag{2-8}$$

式中:Q 为地下水径流量,m^3/a;F 为含水层面积,km^2。

2.3.2.4　地下水天然补给量、排泄量与径流量的关系

　　天然状态下地下水的补给量、排泄量与径流量之间的关系,在不同条件下是不一样的。山区的潜水属于渗入—径流型循环,即水量基本上不消耗于蒸发,径流排泄(泉、河流)可看做唯一的排泄方式。因此各种水量间的关系为:

补给量 = 径流量 = 排泄量

　　平原区浅层地下水接受降水及地表水补给,部分消耗于蒸发,部分消耗于径流排泄,为渗入—蒸发、径流型循环。在气候干旱、地势低平地区,径流很弱,为渗入—蒸发型循环。因此有:

补给量 = 排泄量,　径流量 < 补给量(排泄量)

2.3.3　地下水资源的分类及其评价原则

2.3.3.1　地下水资源的分类

　　为了研究地下水资源形成的基本规律及其开采利用价值,对其进行科学的分类是十分必要的。国内外学者对此提出了许多不同的分类方案。如苏联的普洛柯尼柯夫提出了储量分类法,将地下水分为静储量、调节储量、动储量以及开采储量,即所谓 4 大储量法。此种分类法在我国 20 世纪 50~60 年代曾普遍引用过。但该储量分类法不能反映地下水的运用规律,4 大储量相互重叠,不易区分,它未考虑开采之后地下水补给与排泄条件的变化。下面主要介绍我国目前比较公认的地下水分类方法。

在天然条件下每一个水文地质单元中的地下水常处于相对平衡状态,存储量从数量上看基本不变。然而由于人工开采利用地下水,打破了这种天然平衡状态,使地下水的补给量、排泄量,甚至储存量都发生改变。中华人民共和国国家标准《供水水文地质勘查规范》(GBJ 27—88),对地下水资源的分类作了较大的改革,提出了补给量、存储量和允许开采量的分类方法,详见图2-1,经过多年使用,已逐渐得到公认。本分类方法突出了补给量在地下水资源计算与评价中的重要位置。因为它是从地下水的补给、径流和排泄的运动规律出发,持续开采是靠补给维持的,因此补给起主导作用。所以,地下水资源的计算主要指地下水补给量的计算。

补给量是指天然状态或开采条件下,在单位时间进入含水层的水量。按补给量的形成条件又可分为天然补给量和开采补给量。天然补给量是指地下水未开发利用前,在天然条件下接受的补给量;开采补给量是地下水被开采利用之后所引起的新的补给量,也称为补充补给量。

储存量是指地下水在其补给与排泄循环过程中,储存于含水层内重力水的体积。在潜水含水层中,储存量的变化主要反映为水体积的改变,称为容积储存量;在承压水含水层中,压力水头的改变主要反映水的弹性释放,称为弹性储存量。

允许开采量是指技术经济许可条件下,在整个开采期内,以出水量不减少、动水位不超过设计要求、水质水温变化在允许范围内,在单位时间内从水文地质单元(或取水地段)中能够得到的水量。获得这一水量应以不影响邻近已建水源地的正常运行和不造成环境地质问题为前提。

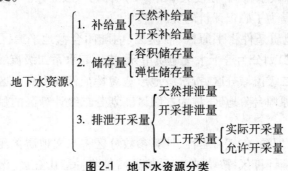

图2-1 地下水资源分类

2.3.3.2 地下水资源的评价原则

地下水评价的主要目的是摸清地下水的开采和补给条件,以及在开发利用情况下地下水数量及分布情况,为规划和布井提供可行的依据。

由于各个地区开采目的和要求不同,水文地质条件不同,因而资源评价的着重点各不相同,在评价时应考虑如下几个原则:

(1)扣除重复量。考虑地表水、地下水的相互转化关系,在计算地区总量时应扣除其中重复计算的水量。例如地表径流和渠系引水量等,因地表水已算入可供水量之中,渠系输水过程中沿途损失又补给地下水,这部分水量算了2次。因此,在总水资源计算中,将其扣除才符合实际情况。

(2)以丰补歉。确定地下水可利用量时应考虑地下水有以丰补歉的特点。特别是北方地区,丰、枯年地下水补给量相差2倍以上。枯水年补给量小而供水量一般较大,这时可以超采一部分水量,利用丰水年予以补回,但超采量应在一定限度之内,避免水位持续下降。

(3)重视开采后补给量和排泄量的变化。大量开采地下水以后,地下水位下降,埋深增大,蒸发量减少,但入渗途径加长,入渗补给有可能减少。又如地表水位和地下水位差发生改变,有可能增加地表水的入渗补给量。因此,在评价时不能仅以天然补给量的多少作为依据,必须充分考虑开采后各种情况的变化,才能作为符合实际的评价结果。

(4)安全开采,防止产生环境地质等不良后果。开采地下水使水位下降,可能引起一些不良的后果,如土壤干旱、农作物受损、地面沉降,水质恶化等。因此,在评价地下水资源量时,必须对环境地质等不良后果发生的可能性作出评价。对可能产生的不良后果,要作出预测和提出防治措施,以达到安全生产为原则。

2.3.4　地下水资源分析计算

2.3.4.1　计算分区

划分计算分区的目的是为了正确计算和评价地下水资源。

首先按地形地貌特征、地下水类型将计算区划分为平原区、山丘区、沙漠区和内陆闭合盆地平原区,称为一级区。其中,山丘区按次级地形地貌特征、含水层岩性及地下水类型划分为一般山丘区、溶岩山区、黄土高原区、山间盆地平原区(或山间河谷平原区)、平原区、沙漠区;内陆闭合盆地平原按矿化度划分为淡水区(矿化度小于 2 g/L)、微咸水区(矿化度 2 ~ 5 g/L)、咸水区(矿化度大于 5 g/L),称为一级亚区。划分一级计算分区和一级计算亚区的目的是为了确定评价的资源量。

然后,按水文地质条件将平原区、沙漠区、内陆闭合盆地平原区及山间盆地平原区(或山间河谷平原区)划分为若干水文地质单元;按地表水系二级流域界线将一般山丘区及岩溶山区划分为二级流域分区;按次级地形地貌特征将黄土高原区划分为黄土高原丘陵沟壑区及黄土高原塬台阶地区,称为二级区。划分二级计算区的目的是为了确定各计算参数分区。

最后,按地下水埋深、包气带岩性、计算参数分区将水文地质单元及黄土高原塬台阶地区划分为若干均衡计算区;按植被、地质构造特征将一般山丘区、溶岩山区各二级分区及黄土高原丘陵沟壑区划分为若干均衡计算区,称为三级区。均衡计算区是各项水资源量的最小计算单元。

(1)平原区。指海拔高程较低,地表起伏小,地面切割微弱,第四纪松散沉积物较厚的宽广大地。按地貌形态特征有低平原、高平原之分。地下水类型以第四系孔隙水为主。

(2)山丘区。地形绵延起伏的高地,与其相邻的平地的交界处有一明显的坡度转折(该处即山丘区与平原区之间的界线),第四系覆盖物薄,主要由岩基构成的区域称为山丘区。地下水类型以基岩裂隙水、岩溶水为主。

(3)沙漠区。发育在年降水量小(一般小于 25 mm)而集中,年水面蒸发量大于年降水量数十倍的干旱气候区。该区植被稀疏矮小,松散的砂、砾石裸露,地面微波状起伏,沙丘、沙梁及风蚀谷、风蚀洼地广泛分布,又称"荒漠"。地下水类型以沙漠孔隙水为主。

(4)内陆闭合盆地平原区。该区分布在气候干旱的西北地区。具有山间盆地平原区的地形地貌特征,所不同的是:盆地闭合,范围宽广,盆地内的江河均为内陆水系。地下水类型以第四系孔隙水为主。

2.3.4.2　平原区地下水补给量的计算

平原区地下水总补给量包括降水入渗,山前侧渗,河道、渠系渗漏,田间回归和越流补给等项。

(1)降水入渗补给量。降水入渗补给是地下水最主要的补给来源。降水初期,土壤干燥,雨量几乎全部由包气带土层吸收,当包气带土层含水量达到一定限度后,入渗的雨水在重力作用下,由土层上部渗到土层下部,直至地下水面。入渗补给量可按下式计算:

$$W_p = F \cdot P \cdot \alpha \qquad (2-9)$$

式中:W_p 为降水入渗补给量;F 为计算区面积;P 为年降水量;α 为降水入渗系数。

(2)山前侧向补给量。是指山区丘陵区的产水,通过地下水径流补给平原地下水的水量。计算时,首先要有沿补给边界的切割剖面,为了避免补给量之间的重复,剖面要尽量靠近山前位置,然后按达西公式分段选取参数进行计算。

$$W_f = K \cdot \omega \cdot I \qquad (2-10)$$

式中:W_f 为山前侧向补给量;K 为含水层的渗透系数;ω 为过水断面面积;I 为垂直于剖面方向上的水力坡度。

(3)河道渗漏补给量。当河水位高于两岸地下水位时,河水渗漏补给地下水。首先分析计算区内骨干河流的水文特征和地下水位变化的关系,以确定河水补给地下水的地段,然后根据资料情况,选择计算方法。

①水文比拟法。该法的计算公式为:

$$W_r = (Q_u - Q_d)(1 - \lambda) \cdot L/L' \qquad (2-11)$$

式中:W_r 为河道渗漏补给量;Q_u、Q_d 分别为上、下游水文站实测流量;L' 为两水文站间河段长度;L 为计算河道或河段长度;λ 为修正系数。

λ 值为两测站间水面蒸发量与两岸浸润带蒸发量之和占 $(Q_u - Q_d)$ 的比率,对间歇性河流及黏性土为主的河道,λ 值取 0.45;对常年流水且砂性土为主的河道,λ 值取 0.10 ~ 0.15。

计算中,对径流量大、观测系列长的河流,可以按不同的河床岩性,建立上游站如流量和单位河长损失量的相关曲线。对于河床岩性相似的河流,则可以根据上游水文站实测水量推算河流补给地下水的水量。

②非稳定流方法。当河水和地下水有直接水力联系时,可用非稳定流理论计算补给量。

$$W_r = 1.128 \mu h_0 \sqrt{at} \cdot L \qquad (2-12)$$

式中:W_r 为 t 时段内,河道向一侧渗漏补给地下水的水量;μ 为给水度;h_0 为 t 时段内河道水位上涨高出地下水位值;a 为压力传导系数;t 为水位起涨持续时间;L 为河道长度。

如果两岸的水文地质条件相同,则 W_r 的 2 倍即为河道渗漏总补给量。

(4)渠系渗漏补给量。这是指灌溉渠道进入田间以前,各级渠道对地下水的渗漏补给量。一般情况下,渠系水位高于地下水位,多数以补给为主。当输水量大,水位上升明显时,可以采用上面河流非稳定流方法计算。一般输水情况,则采用入渗补给系数法来计算。

$$
\left.\begin{array}{l}
W_c = W_d \cdot m \\
m = \gamma(1 - \eta)
\end{array}\right\} \tag{2-13}
$$

式中：W_c 为渠系渗漏补给量；W_d 为渠首引水量；m 为渠系渗漏补给系数；γ 为修正系数；η 为渠系有效利用系数。

渠首引水量要根据灌区实际供水情况进行调查统计，主要渠系的有效利用系数 η 可以选择有代表性的地段实测得到。

（5）田间回归补给量。此项是指地表水和地下水进入田间以后，灌溉过程补给地下水的量，有渠灌和井灌回归补给两类。常用回归系数法计算。即

$$
\left.\begin{array}{l}
W_c = \beta_c Q_{ci} \\
W_w = \beta_w Q_{wi}
\end{array}\right\} \tag{2-14}
$$

式中：W_c、W_w 分别为渠灌和井灌的回归补给量；β_c、β_w 分别为渠灌和井灌的回归补给系数；Q_{ci}、Q_{wi} 分别为渠灌和井灌用水量。

灌溉回归系数 β 是指田间灌水渗补给地下水的水量与灌溉水量的比值。β 值随灌水定额、土质和地下水埋深发生变化。一般取值范围为 0.1～0.2。

（6）越流补给量。当上、下含水层有足够的水头差，且隔水层是弱透水的，则水头高的含水层的地下水可以通过透水层补给水头较低的含水层。其补给量通常可用下式计算：

$$
W_0 = \Delta H \cdot F \cdot t \cdot K_e \tag{2-15}
$$

式中：W_0 为越流补给量；ΔH 为水头差；F 为计算面积；t 为计算时段；K_e 为越流系数，是表示弱透水层在垂直方向上导水性能的参数，可用下式求得：

$$
K_e = k'/m' \tag{2-16}
$$

式中：k' 为弱透水层的渗透系数；m' 为弱透水层厚度。

以上 6 项补给量加起来，即为平原地区地下水总补给量，也就是地下水在计算时段内的总收入量。

2.3.4.3 平原区地下水排泄量的计算

平原区地下水排泄量，包括泉水出露、侧向流出、人工开采、潜水蒸发和河道排泄等。在大量开采的情况下，泉水出露很少，可通过实测求得。向区外的侧向流出量可用达西公式计算。

1）人工开采量

包括工业、生活和农业三方面。前二者一般管理比较好，一般都装有水表计量；农业机井数量多而且十分分散，一般通过调查、统计来估算。常用的方法有：

（1）单井实测流量法。该方法的计算公式为：

$$
Q_m = (n_1 q_1 + n_1 q_2 + \cdots + n_i q_i) \cdot \eta \tag{2-17}
$$

式中：Q_m 为年总开采量；$n_1, n_2, \cdots, n_i$ 为不同泵型年末配套井数；$q_1, q_2, \cdots, q_i$ 为不同泵型单井年开采量；η 为机井利用率。

（2）井灌定额估算法。该方法的计算公式为：

$$
Q_m = f_1 m_1 + f_2 m_2 + \cdots + f_i m_i \tag{2-18}
$$

式中：Q_m 为年总开采量；$f_1, f_2, \cdots, f_i$ 为不同作物的种植面积；$m_1, m_2, \cdots, m_i$ 为不同作物的

井灌定额。m 值一般通过典型点的调查或实测资料确定。用此法计算的结果,应与单井实测流量法的结果相互验证,使结果更合理、准确。

2)潜水蒸发量

浅层地下水受土壤毛细管的作用,不断地沿毛细管上升,一部分受气候的影响,蒸发散失;一部分湿润土壤,供植物吸收。潜水蒸发量的大小,主要决定于气候条件、埋藏深度和包气带岩性,其量可用下式计算。

$$E = F \cdot E_0 \cdot C \tag{2-19}$$

式中:E 为潜水蒸发量;F 为蒸发面积;E_0 为水面蒸发量,一般采用 $E-601$ 蒸发器观测资料;C 为潜水蒸发系数。

2.3.4.4 山区地下水补给量的计算

山区地下水主要靠降水入渗补给,由于山区水文地质条件复杂,观测孔少,观测资料有限,很难较正确地估算补给量。通常,根据均衡原理,计算总排泄量来代替总补给量。

山区地下水总排泄量包括山前侧向流出量、河床潜流量、河川基流量、山前泉水出露量和人工开采量。

(1)山前侧向流出量。山前侧向流出量实际上就是平原区的山前侧向补给量。

(2)河床潜流量。是指出山口的河流通过松散沉积物的径流量,当河床沉积物较厚时,用达西公式计算,当沉积物厚度较薄时,潜流量可以忽略不计。

(3)河川基流量。是山区地下水主要排泄量,可以通过分割流量过程线的方法求得。

(4)山前泉水出露量。山前泉水出露量主要通过调查统计和实测而获得。

(5)人工开采量。它同样包括工业用水、农业用水和生活用水三个方面,通常用实测和调查统计获得。

2.3.4.5 地下水重复计算量

重复计算量包括地下水内部、地下水与地表水之间两部分。

(1)地下水内部重复计算量,包括井灌回归补给量和山前侧向补给量。井灌回归实际上是重复利用水量。山前侧向补给量是重复计算 2 次的量。计算山区时,它被作为排泄项计入山区总补给量中;计算平原时,则以收入项计入平原总补给量中。所以,当需要评价山区和平原的整个地区的水资源量时,此项必须从山区或平原扣一次。

(2)地下水与地表水之间的重复计算量,包括山区河川基流、河道渗漏、渠系渗漏和渠灌田间回归 4 项。河川基流量属山区和平原重复计算量。计算山区时,作为山区补给量计入其中;计算平原时,又作为平原径流量计入地表水中。因此,当需要计算地表、地下总水资源量时,应扣除这一项。后三项属平原区地表水、地下水之间的重复量,在计算地表、地下总水资源时,也应从其中扣除。

总之,地表、地下水之间关系密切、互为转换,在计算评价时,要重视这种重复计算量。

2.4 河南省渠村灌区基本情况介绍

渠村引黄灌区始建于 1958 年,设计灌溉面积 12.87 万 hm²,其中正常灌区 4.97 万 hm²,补水灌区 7.90 万 hm²。根据濮阳市土地利用规划,2005 年灌溉耕地面积 12.85 万

hm^2,其中正常灌区 4.96 万 hm^2,补水灌区 7.89 万 hm^2。灌区内农作物种植面积为 22.91 万 hm^2。复种指数达到 1.78。灌区经过多年建设灌溉排水渠系已基本形成。

　　渠村引黄灌区在金堤河以南为正常灌区,金堤河以北为补水区。在正常灌区,从 1958 年引黄灌溉以来,由于运行不当,大引大灌,致使土壤发生次生盐碱化;1961 年被迫停灌,1966 年因长期干旱,恢复引黄灌溉,确立了"灌排分设,水、旱、涝、碱综合治理的方针",使该区步入正常引黄灌溉。在补水区,20 世纪 70 年代以前为井灌区,地下水埋深仅 4 m 左右,机井深度一般 30~50 m。1976 年以后,由于气候偏旱,地下水超量开采,地下水位大幅下降,使得机井加深,水泵更新换代快,出水量越来越小。为解决地下水超采问题,设法利用黄河水非灌溉期的富余水量,对井灌区进行补源灌溉。

2.4.1　灌区概况

2.4.1.1　区域位置

　　渠村引黄灌区位于河南省濮阳市西部,东经 114°49′~115°18′,北纬 35°22′~36°10′,南起黄河,北抵卫河及省界,西至滑县境内黄庄河及市界,东抵董楼沟、潴龙河、大屯沟,南北长约 90 km,东西宽约 29 km。灌区地跨两个流域,金堤以南为黄河流域,金堤以北为海河流域,区域总面积 2 018.7 km^2,耕地面积 12.87 万 hm^2,其中滑县 1.66 万 hm^2,濮阳、清丰、南乐及市区合计 11.21 万 hm^2,见图 2-2。

2.4.1.2　地形地貌

　　灌区属于黄河冲积平原区,由于黄河多次泛滥北流,受金堤阻挡后顺金堤折向东北流入范县境内,在金堤以南形成复合冲积扇,扇轴在南,扇缘在北。金堤以北为黄河故道区,由于黄河多次流经和漫决改道,造成由南向北沙丘起伏不平。灌区内地势南高北低,自西南向东北倾斜,地面自然坡降 1/5 000~1/10 000,地面高程 57.50~46.00 m。

2.4.1.3　土壤、植被

　　灌区的成土母质主要是黄河冲积物,为第四纪全新统地层,这些冲积物来源于黄土高原的黄土,厚度均匀,颗粒细,富含钙质。由于受黄河历次泛滥和"急沙、慢淤、清水碱"的分选作用,构成了复杂的地层层次和种类繁多的土壤。土壤分为三个土类:潮土类、风沙土类和碱土类。潮土主要是在黄河冲积物基础上发育而成的潮土,占灌区总面积的 95%;风沙土类占 4.9%;碱土类占 0.1%;沙土分布在境内西部边界,土层较薄,大部分可种植;两合土黏土,约占全灌区耕地面积的 60% 以上,分布在各主要河沟两侧,是主要的粮食产区;盐碱土分布于沿黄河大堤背河洼地。

　　灌区植被大部分为落叶林带,天然植被已不复存在,主要是人工植被和田间杂草,包括农作物植被、阔叶林、灌丛、草甸、沼泽植被和水生植被,其中农作物以小麦、玉米、大豆、水稻、花生、棉花为主,由于地理环境的影响,植被以草本种类居多。

2.4.1.4　作物种植结构

　　灌区内土壤肥沃,适宜粮食、经济作物种植。粮食作物主要有小麦、玉米、水稻、谷子、红薯、高粱、大豆、绿豆及其他杂粮;经济作物有棉花、花生、芝麻、麻类、西瓜、烟叶、油菜等。另外,区内种植的蔬菜品种繁多,以根菜类、叶菜类、葱蒜类、茄果类、瓜类、豆类为主。近几年来,种植业结构有了较大的调整,棉花、蔬菜、苹果和植桑养蚕等一些高效经济作物

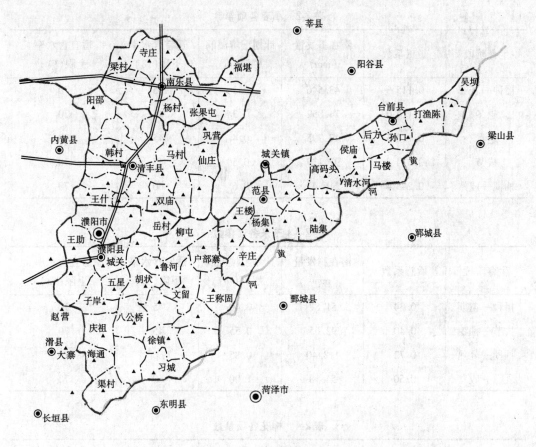

图2-2 渠村引黄灌区位置图

有了较大发展。棚式蔬菜生产渐成规模。灌区内作物种植面积已达 22.91 万 hm²，其中水稻 0.23 万 hm²，小麦 9.02 万 hm²，棉花 1.14 万 hm²，玉米 4.66 万 hm²，果林 0.75 万 hm²，其他经济作物 3.6 万 hm²，其他粮食作物 3.51 万 hm²。复种指数达到 1.78。

渠村灌区正常灌区现状以小麦、玉米、棉花、水稻为主，其他还有花生、大豆、红薯、高粱、谷子、蔬菜等，补水灌区除不考虑水稻种植外，其他同正常灌区。本书的研究区域为堤南、堤北两部分，堤南的研究作物为小麦、玉米、棉花和水稻，堤北的研究作物为小麦、玉米和棉花。其他作物种植面积分别包括在小麦、玉米和棉花之内。灌区现状年作物的种植面积如表 2-1 所示。各种作物生育阶段的参数经计算整理后列于表 2-2～表 2-5 之中。

表2-1 灌区作物种植面积

作物名称	种植面积（万 hm²）		备注
	正常灌区	补水灌区	
小麦	3.88	6.16	包括果林、蔬菜等
玉米	3.23	5.53	包括豆类、蔬菜等
棉花	1.49	2.37	包括花生等
水稻	0.25	0.00	

表 2-2　小麦各项参数

生育阶段	敏感系数	潜在腾发量（mm）	计划土壤湿润层深（m）	适宜含水率下限（%）	适宜含水率上限（%）
播种—分蘖	0.115 6	43.546	0.3	45	70
越冬	0.114 6	74.852	0.3	45	70
返青	0.110 5	47.795	0.4	45	70
拔节	0.314 8	97.139	0.5	45	70
抽穗—成熟	0.245 4	216.43	0.6	60	70

表 2-3　玉米各项参数

生育阶段	敏感系数	潜在腾发量（mm）	计划土壤湿润层深（m）	适宜含水率下限（%）	适宜含水率上限（%）
播种—苗期	0.34	51.87	0.40	45	70
拔节—抽穗	0.40	92.65	0.55	45	70
抽穗—乳熟	0.72	118.40	0.85	60	70
乳熟—收获	0.50	54.18	1.00	60	70

表 2-4　棉花各项参数

生育阶段	敏感系数	潜在腾发量（mm）	计划土壤湿润层深（m）	适宜含水率下限（%）	适宜含水率上限（%）
幼苗	0.039 0	40.339	0.4	55	70
现蕾	0.123 8	234.18	0.5	60	70
开花—结铃	0.242 9	283.887	0.6	70	70
吐絮	0.085 1	140.533	0.6	50	70

表 2-5　水稻各项参数

生育阶段	敏感系数	潜在腾发量（mm）	田面水深的下限值（mm）	田面水深的上限值（mm）
返青—分蘖	0.209 0	165.1	−30	40
拔节—孕穗	0.702 5	185.9	−50	50
抽穗—开花	0.219 9	160.8	−60	50
乳熟	0.152 3	112.7	−65	40

对于旱作物,适宜含水率下限以占田间持水率百分比计,适宜含水率上限为田间持水

率,以占土壤孔隙率的百分比计,土壤孔隙率取为50%。对于水稻,定义土壤饱和状态水深为0,田面水深的下限值为根系层平均土壤含水率与饱和含水率之差折算成相应的水深,田面水深的上限为最大允许的水层深。

2.4.1.5 水文气象

黄河流域气候属东亚季风区。春季北高压衰退,西太平洋副热带高压开始北上西伸,气温回升,降雨增多。夏季受西太平洋副热带高压北移的影响,盛行偏南风,水汽大量输入,与西北高压交绥,易产生降雨,是一年中降雨最多的时段。秋季西太平洋副热带高压逐渐减弱南撤,高空西风急流南移,西北高压向南扩张,降雨开始减少,但常发生阴雨天气。冬季西太平洋副热带高压已南移东撤,在西北高压控制下,盛行偏北风,气温低,降雨少。在地区分布上气温自南向北、自东向西逐渐减低,降雨自东南向西北逐渐减少。上游降雨强度较小,历时较长,极少暴雨,中下游降雨强度大,历时较短,暴雨较多。

1)水文

该区多年平均降水量581.0 mm,多年平均蒸发量1 663 mm。降水特点是雨量由北向南递增,年际变化较大,最大年降水量1 067.9 mm(1963年),最小年降水量264.5 mm(1966年)。季节分布不均,雨量主要集中于夏秋两季,春季降水量占年降水量的14%,夏季占61%,秋季占21%,冬季占4%,因此冬春两季干旱发生频繁,有十年九旱、先旱后涝、涝后又旱、旱涝交替之特点,严重影响夏粮生产和春季播种,旱灾为该区的主要自然灾害。

2)气象

灌区属北温带大陆性季风气候区,是半干旱、半湿润地区,四季分明,光、热资源丰富,多年平均气温13.4 ℃,历年最高气温42.2 ℃,最低气温−27 ℃,1月份平均气温−2.2 ℃,7月份平均气温27 ℃,无霜期多年平均210 d左右,最长278 d,最短185 d,年均干旱天数为148 d,年均日照2 585 h,日照时间长,且雨热同期,适宜小麦、玉米、棉花、大豆、红薯等多种作物生长。

2.4.1.6 水文地质、工程地质

1)水文地质

灌区属于黄河冲积、洪积平原,历史上黄河多次泛滥改道冲积剥蚀,构成了重叠交替的沉积特性,构造上属华北坳陷带。

灌区地下水储存条件为松散岩类孔隙水类型,由于影响和控制地下水储存条件的不同,造成地下水储存的明显差异。浅层水因沙层厚度大,松散而富水性较强,而中层水因沙层相对较少,密实,富水性较弱。

2)工程地质

灌区主要岩性为砂土、砂壤土、轻粉质壤土、中重粉质壤土及粉质壤土,细砂、极细砂,如图2-3所示。

(1)砂土、轻粉质壤土。该层分布于地表,厚度1.5~9.5 m,一般厚度6 m左右,褐黄色,结构较松散,土质不均一,有植物根系、根孔和云母碎片,局部有棕黄色氧化铁和铁锰质斑点及花纹,平均干容重1.38 g/cm³。

(2)中粉质壤土、重粉质壤土。该层厚1~8 m,呈灰黄色、浅灰色、棕红色,结构中密,

土质不均一,间夹薄层极细砂和粉质及轻粉质壤土,平均干容重1.46 g/cm³。

(3)砂壤土、粉质壤土。该层厚度2～5 m,一般为4 m左右,灰黄色、浅灰色,结构松散,土质不均一,含细粒云母碎片,夹有重粉质壤土,极细砂,呈灰黄色,平均干容重1.41 g/cm³。

(4)极细砂、细砂。厚度大于10 m,灰黄色、褐黄色,结构中密,不均一,有细碎云母片,局部为中砂,夹有中粉质壤土,平均干容重1.4 g/cm³。

图2-3　渠村引黄灌区土壤分布

2.4.2　灌区水资源现状

2.4.2.1　当地水资源

灌区内多年平均水资源量为3.982亿m³,其中地下水资源量为3.6亿m³,地表径流量为0.875亿m³,地表水与地下水重复计算量为0.493亿m³。人均水资源量只有253 m³。

1)地表水

地表水资源量是指降水所产生的径流量。灌区内多年平均降水量为581 mm,多年平均径流量为 0.875 亿 m^3，由于拦蓄工程少，且降水集中，故当地地表径流可利用量小。查河南省各地市水资源量表，采用面积比法算得灌区内可供利用的当地地表径流量，在频率 $P = 75\%$ 时为 0.15 亿 m^3。多年的降水情况如图 2-4 所示。

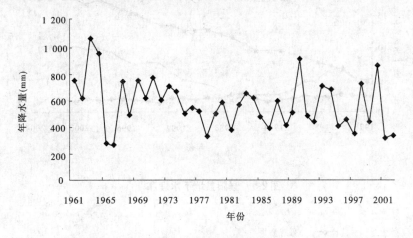

图 2-4　渠村灌区降水情况

2）地下水

广义上的地下水指埋藏在地表以下各种状态的水，以地下水埋藏条件为依据，地下水可划分为三个基本类型：①包气带水，埋藏于地表以下、地下水面以上的包气带中，包括吸湿水、薄膜水、毛管水、渗透的重力水等；②潜水，埋藏于饱和带中，处于地表以下第一个不透水层上，具有自由水面的地下水；③承压水，埋藏于饱和带中，处于两个不透水层之间，具有压力水头的地下水。承压水埋藏较深，具有压力水头，一般不直接受气象、水文因素的影响，具有动态变化较稳定的特点，水质不易污染，水量较稳定，是河川枯水期水量的主要来源。但由于承压水很难开采利用，作为后备水源，通常的地下水资源仅指潜水。查河南省各地市水资源量表，用土地面积之比计算可得水资源量为 3.6 亿 m^3。其中可利用量为 3.58 亿 m^3，潜水蒸发量为 0.02 亿 m^3。

灌区金堤河以南部分，由于取用黄河水方便，加上抽取地下水成本较高，因此该部分的作物灌溉多取用地表水。然而，金堤河以北部分引黄水供给不足，地下水在灌溉用水中所占比例较大。因此，长期以来形成了正常灌区地下水位较高，而补水灌区地下水位较低的现象。本书根据研究区地下水观测井观测资料的统计情况，选取了 4 个典型站的资料作为研究的数据。金堤河以南的正常灌区选取濮阳县站，并以 9、11、22 号观测井的数据进行研究。金堤河以北的补水灌区分别选取南乐县站、清丰县站和濮阳市站。观测井的选取为：南乐县站取 5、14、20 号观测井；清丰县站取 24、25、26 号观测井；濮阳市站取 1、15、25 号观测井。灌区内典型站点的地下水埋深观测值如图 2-5 ～ 图 2-8 所示。

2.4.2.2　客水资源

客水指外流域流经本区域内的地表水，本研究区内的客水主要有黄河、卫河及金堤河。

黄河是区内主要的客水资源，目前，黄河流域施行用水许可制对黄河水资源进行统一调配，即各省或各个用水部门首先上报预计需水量，然后黄委根据各部门具体情况和黄河

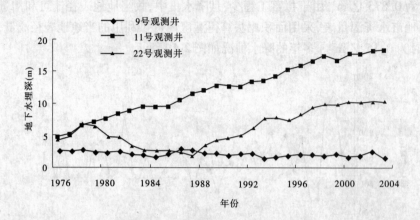

图 2-5　濮阳县地下水埋深

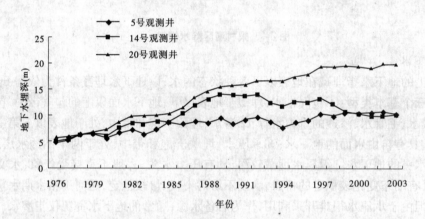

图 2-6　南乐县地下水埋深

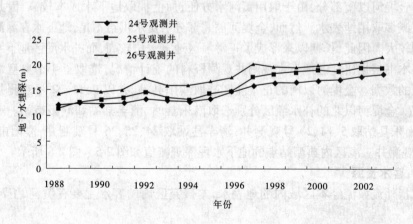

图 2-7　清丰县地下水埋深

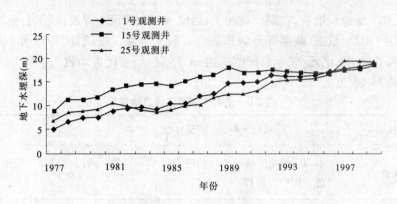

图 2-8　濮阳市地下水埋深

的总来水量统一对各省和各部门进行配水。据高村水文站观测资料,黄河多年平均流量为 1 380 m³/s,多年平均径流量为 420.71 亿 m³。灌区历史引黄水量情况如图 2-9 所示。

卫河流经灌区北部,区内长度 29.4 km,据南乐县元村站资料分析,卫河多年平均径流量为 27.47 亿 m³,但卫河水大部分在汛期下泄排出,故实际利用量很小。

金堤河为黄河的一条支流,根据濮阳县水文站资料分析,多年平均径流量为 1.66 亿 m³,实际上近年金堤河在干旱季节的径流主要是引黄灌溉退水,可利用量很小。

图 2-9　历史引黄水量

2.4.3　社会经济状况

渠村引黄灌区涉及濮阳市的濮阳、清丰、南乐、濮阳市区三县一区及安阳市的滑县。共有 46 个乡镇,1 313 个自然村,具体见表 2-6。总人口 157.73 万人,其中农业人口 131.2 万人,大牲畜 23.59 万头,小牲畜 117.56 万头。总土地面积 2 019 km²,耕地面积 12.87 万 hm²,机井 2.74 万眼。

该区的主要农作物有小麦、玉米、水稻、大豆、谷物等粮食作物以及棉花、花生、瓜果、蔬菜等经济作物。小麦、玉米种植面积占耕地面积的 70% 左右,旱秋作物占 30% 左右,其中新习、王助两乡是濮阳县及市区的蔬菜基地,清风、南乐两县西部沙区有大面积花生,林果业和养殖业已经成为南乐县几个乡镇群众主要收入之一。

随着经济体制改革的不断深化和市场经济的不断完善,该区的乡镇企业得到了很大的发展,粮食产量稳步增长,农副产品加工、运输、修理、建筑业等发展较快,随着中原油田和城区建设的发展,瓜果、蔬菜等经济作物将有较大发展。据统计,1998 年,该区国民生产总值达到了 80.73 亿元,农业总产值达到 33.55 亿元,农民人均收入达到 1 644 元,粮食总产量达到 74.05 万 t。

表 2-6　渠村引黄灌区涉及地区

县(区)	下属乡镇
濮阳县	新习　城关　清河头　柳屯　子岸　五星　两门　胡状　庆祖　八公桥　海通　郎中　渠村
清丰县	阳邵　古城　大流　大屯　高堡　马村　柳格　纸房　双庙　马庄桥　固城　韩村　城关　王什
南乐县	西邵　寺庄　梁村　谷金楼　近德固　元村　杨村　韩张　城关
濮阳市区	胡村　孟轲　岳村　王助
滑县	老爷庙　赵营　桑村　八里营　大寨

灌区内公路四通八达,交通方便,与周围市县及河北、山东的物资商品流通,促进当地工农业生产的发展。

2.4.4　土地利用及工程状况

2.4.4.1　土地利用现状

渠村引黄灌区位于濮阳市西部,由于灌区内地势平坦、气候适宜、光照充足,适宜农业生产,加上土地开发历史悠久,土地利用集约化程度较高,目前全区土地利用率 98.11%,已达到较高水平,土地垦殖系数远远高出全省平均水平,复种指数达到 1.78,1998 年全区粮食总产量达到 74.05 万 t。

2.4.4.2　灌排渠系现状

渠村灌区经过多年建设,现灌排渠系已基本形成,现有输水总干渠 1 条,输水总干渠上布置一总干渠和二总干渠及 6 条干渠,分别是南湖干渠、郑寨干渠、安寨干渠、高铺干渠、牛寨干渠、桑村干渠;一总干渠上布置干渠 9 条,分别是火厢干渠、濮水干渠、顺河干渠、焦夫干渠、大屯干渠、古城干渠、石村干渠、霍町干渠、西邵干渠,二总干渠上布置干渠 4 条,分别是老马颊河干渠、东一干渠、东二干渠、东三干渠,干渠共计 19 条,长 236.36 km,分干渠及支渠共计 84 条,长 603.92 km。见图 2-10、表 2-7。

灌区内分属金堤河、卫河、马颊河、徒骇河四大水系。汇入金堤河的干、支沟有 18 条,长 298.5 km;汇入马颊河的干、支沟有 35 条,长 378.26 km;汇入徒骇河的干、支沟 2 条,长 29.5 km。

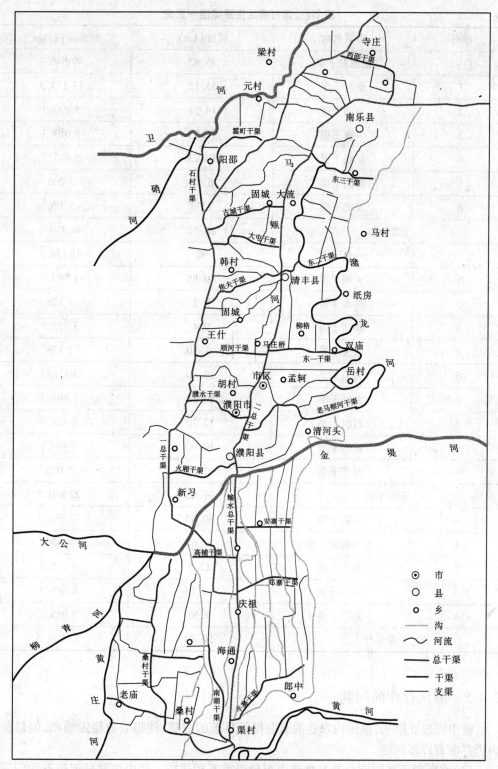

图 2-10　渠村灌区工程布置

表 2-7　渠村灌区主要渠道一览表

编号	渠系名称	长度(km)	控灌面积(hm²)
(一)	输水总干渠	35.42	49 546.7
1	桑村干渠	35.12	17 173.3
2	南湖干渠	14.31	5 893.3
3	牛寨干渠	12.85	9 013.3
4	郑寨干渠	10.23	5 883.3
5	高铺干渠	6.28	3 200
6	安寨干渠	7.73	5 176
	干渠小计	86.52	46 339.3
(二)	一总干渠	92	41 186.7
1	火厢干渠	10.85	1 780.7
2	濮水干渠	9.2	1 526
3	顺河干渠	9.4	3 232.7
4	焦夫干渠	11.20	1 278
5	大屯干渠	13.40	3 318.7
6	古城干渠	10.50	1 863.3
7	石村干渠	12.10	2 318.7
8	霍町干渠	10.90	2 490.7
9	西邵干渠	11.50	5 052
	干渠小计	99.05	22 860.7
(三)	二总干渠	60.62	37 533.3
1	老马颍河干渠	17.63	4 480
2	东一干渠	12.5	4 675.3
3	东二干渠	11.16	6 686.7
4	东三干渠	9.50	7 053.3
	干渠小计	50.79	22 895.3

2.4.5　灌区存在的问题

新中国成立以来,灌区内农业灌溉取得了显著的成绩,使得农业稳定增产,但目前区内仍存在着许多问题。

(1)水资源天然时空分布与生产力布局严重不相适应。年内雨量分配极不均匀,7、8月两个月的降水量占全年降水量的 50% 左右。由于调蓄工程少,降水利用率很低;在作物生长需水量最大的 5、6 月两个月,作物蒸发量高达降水量的 2.5 倍。水量分配不均且与作物需水耦合性差,对农业生产极为不利。另外,降雨在年际间变化剧烈。

(2)尚未形成功能较好的水资源优化配置系统。

①抗旱、灌溉能力较低,有效灌溉面积发展不平衡,工程标准尚待进一步提高。工程大部分配套不完善,不能发挥应有的工程效益。

②水资源缺少统一管理,正常灌区由于用水条件好而大量引黄灌溉,致使地下水位偏高,土壤存在次生盐碱化的威胁,同时在补水区,由于引黄灌溉条件相对差,引水量小,多年来大部分土地利用井水灌溉,致使地下水位下降,产生大面积漏斗区,机井越打越深,部分耕地无法耕作,呈沙化趋势,也有些耕地靠天收,或只浇"保命水",不浇"丰收水",水资源不足的问题十分突出。

③水资源浪费严重。群众节水意识差,大部分耕地耕作粗放,仍然采用大水漫灌的灌水方式,灌溉用水浪费现象十分普遍,科学用水、节约用水已成为当务之急。

④管理环节较弱,机构不健全,技术力量不足,改革进程缓慢,水费不能按标准收取,工程维修、运行、更新、改造经费短缺,工程老化,效益衰减,失修、失管现象严重。用水效率低,地下水资源开采缺乏合理规划,个别地区超采严重,甚至造成了地下水位的持续下降,形成了降落漏斗。

(3)污染情况严重。水的重复利用率偏低、污染水源的现象不容乐观,使得用水紧张,并且不符合水资源的可持续发展战略。农业化肥和杀虫剂的使用是水资源污染中非常重要的问题。如农业上落后的灌溉方式、化肥和农药的不合理使用以及严重的水土流失对水资源带来了严重的非点源污染。

为妥善解决渠村灌区农业生产中存在的上述问题,我们认为:应在考虑社会需求、经济效益以及环境等的前提下,提高水资源利用效率,利用非充分灌溉理论,对水资源进行优化管理,确定合理的灌溉定额,以扩大有效灌溉面积,使有限的水资源发挥更大效益;并按照自然条件和市场及社会的需要,采取因地制宜的措施,调整农业产业结构,确定各种作物的最优种植面积,并对各种作物的具体灌水方式及灌溉方式进行优化设计。达到节约用水的目的,实现以水资源的可持续利用支持当地经济社会的可持续发展。

第3章　灌区中长期来需水量预测

　　水资源优化调度效果如何,很大程度上取决于对不确定性因素预测的准确程度。一个好的优化调度模型离不开不确定性因素的准确预报。因此,本章首先从提高预报精度和增长预报期方面入手,试图提高灌区水资源优化调度的可靠度。值得注意的是,降水是一个过程,作物对水的敏感程度也因生育阶段的不同而差别很大,因此简单机械地认为"降水量大就是丰,降水量小就是枯"是很不科学的。应将来需水的量和过程进行综合考虑,即以供、需水两方面的关系综合权衡该时段该地区的农业丰枯情况,杜绝降水量与作物生长期内的需水量之间极大的不一致性与"丰水年无水灌溉、枯水年田间排涝"现象的发生。本章所述的模糊聚类和年型判别模型都是基于这种思想建立的。通过模糊聚类把历史降水资料划分为5类,然后再进行状态预测,即定性预测,最后再根据典型年所对应的量化数据,把定性预测结果转化成定量结果。相应的引黄水量和地下水可开采量以及作物需水量则根据所划分的典型年及预测结果来确定。这种基于典型年的预测方法通过本章的实例计算表明可以满足灌区农业水资源优化调度的精度要求。

3.1　中长期降水量预测

3.1.1　传统方法简介

　　降水的中长期预测理论研究及应用在灌区水资源优化配置中尚属初步研究阶段。降水的中长期预测对于指导灌区制定合理的灌水计划,能够适时、适量地对作物进行灌溉有着决定性的作用。它也是自然科学与技术科学领域内的一项研究难题,具有十分重要的理论意义与实践价值。

　　近年来有关降水的中长期预测技术有了突飞猛进的发展,从传统的线性回归预测、时间序列预测、随机预测技术等发展到模糊预测、灰色预测、神经网络预测、混沌时间序列预测以及这些方法组合的混合预测方法等。下面简要介绍几种主要的预测方法。

　　(1)成因分析法。利用成因分析法对降水进行预测,就是根据影响降水的经纬度、大气环流、太阳辐射等因素与降水之间建立统计关系,在已知这些因素的规律和发展趋势后就可以根据他们之间的关系进行降水量预测。这种方法科学、合理,在短期的天气预测及水文预测方面都取得了很好的效果,但是影响一个地区降水的因素众多并且关系复杂,尤其是影响降水的其他相关因素同样难以预测,因此在目前科技条件限制下还难以达到满意的预测结果。

　　河川径流主要来源于大气降水,与大气环流有密切关系。一个流域或地区发生旱涝是与环流联系在一起的。分析研究大气环流与水文要素之间的关系一直是水文气象工作者深入探讨的课题。

总之,联系大气环流、太阳辐射等长期演变以及前后承替规律来进行降水的中长期预报是一条具有物理基础的重要途径,也是中长期降水预报发展的方向。

(2)数理统计法。数理统计方法是通过对历史资料的统计分析进行概率预测,可分为两大类:一类是分析历史降水序列自身随时间变化的统计规律,然后用这种规律进行预报,如历史演变法、时间序列分析法、混沌时间序列法等;另一类是用多元回归分析法,建立预报方案,进行预报。目前应用较广的数理统计预报方法主要有多元分析与时间序列两种,多元回归分析常用的方法主要有逐步回归、聚类分析、主成分分析等。时间序列分析是应用历史降水资料,寻找其自身的演变规律来进行预报。

(3)模糊预测。模糊预测方法是从20世纪80年代发展起来的新方法,模糊预测的引进丰富了中长期预报理论。但由于信息模糊化带有明显的主观性,使模糊分析的应用受到了一定的限制。

(4)人工神经网络预测。人工神经网络是基于连接学说构造的智能仿生模型,是由大量神经元组成的非线性动力学系统,具有并行分布处理、自组织、自适应、自学习和容错性等特点。由于人工神经网络的大规模并行处理、分布式储存、鲁棒性好、高度非线性关系、学习能力强等特性,掀起了国际学术界研究和应用的高潮。

(5)灰色预测。灰色系统理论是邓聚龙于1982年创立的,十几年来发展较快。灰色系统理论由于其模型特点,比较适合具有指数增长趋势的问题,对于其他变化趋势则有时拟合灰度较大,导致精度难以提高,且灰色系统理论体系尚不完善,正处于发展阶段,它在中长期水文预报中的应用也属于尝试和探索性质。

大气降水是农业用水的主要来源,在当今水资源日益紧缺的形势下,怎样准确地对其进行预测,充分利用雨水资源是农业现代化的重要标志,也是实时灌溉预报的关键所在。由于气象条件的多样性、变异性和复杂性,降水过程存在着大量的不确定性因素,从而导致到目前为止还难以通过物理成因来确定出未来某一时段(如年、季、月等)降水量的准确数值。在实际工作中,通常仅需预测出未来某时段降水量适当的变化区间即可满足精度要求。这样一来,预测的范围扩大了(由点值到区间),其预测的可靠性也相应地提高了。由物理成因的定性分析及大量的降水序列资料的统计分析得知,降水量为一相依随机变量。其相依关系的强弱,通常用自相关系数作为其定量的测度。鉴于上述讨论,可以考虑应用模糊聚类方法首先划分出反映降水量丰枯状况的变化区间;然后以降水量序列规范化后的各阶自相关系数为权,用加权的马尔可夫链来预测降水量未来的丰枯变化情况。

3.1.2　模糊聚类

聚类分析(Clustering Analysis)是根据事物间的不同特征、亲疏程度和相似性等关系,对它们进行分类的一种数学方法。它是指在没有或不用样品所属类别信息的情况下,依据样品集数据的内在结构,在样品间相似性度量的基础上,对样品进行分类。

在现实世界中,一组事物根据其亲疏程度和相似性是否形成一个类群,或一个事物是否属于某一个类别,其界限往往是不分明的,具有很大程度的模糊性,模糊集理论正是刻画和解决这类聚类问题的数学方法。模糊聚类分析是依据客观事物间的特征、亲疏程度和相似性,通过建立模糊相似关系对客观事物进行分类的数学方法。用模糊聚类分析方法处理带有模糊性的聚类问题要更为客观、灵活、直观,计算也更加简捷。

根据降水序列未知聚类中心的具体情况,本书采用陈守煜改进的模糊 ISODATA 聚类方法,即未知模糊中心指标矩阵,求解最优模糊聚类矩阵与最优模糊中心指标矩阵。

3.1.2.1 聚类指标的初选

所谓聚类指标是指根据研究的对象和目的,能确切地反映研究对象某一方面情况的特征依据。所选择的指标应具有代表性、适应性、可测性和独立性,且指标间应具有明显的差异性。聚类指标决定了对象的特征,因此聚类指标的选择直接影响着聚类结果好坏。本书基于前述的降水过程与作物需水过程相匹配确定典型年的思想,根据影响水资源在作物间分配与作物不同生长期内分配的关键期有效降水量的大小,结合 4 种主要作物不同生长期的作物敏感系数的大小,来初选聚类指标。

3.1.2.2 特征指标的标准化

直接利用原始数据进行计算,可能会突出那些数量级特别大的特征指标对分类的作用,而降低甚至排斥数量级较小的特征指标对分类的作用,从而导致一个指标只要一改变度量单位就会完全改变分类结果。为了克服这一缺点,必须对原始数据矩阵进行无量纲化处理,使每一指标统一在某一共同的数据特征范围内。目前,常用的数据标准化方法有标准差标准化、极大值标准化、极差标准化、均值标准化、中心标准化和对数标准化等。因为本书所选特征指标的单位相同(都为有效降水量),因此采用极大值标准化方法对特征指标进行标准化。如下式:

$$r_{ij} = \frac{x_{ij}}{x_{j\max}} \tag{3-1}$$

式中:$x_{j\max} = \max(x_{1j}, x_{2j}, \cdots, x_{nj})$。

3.1.2.3 聚类指标的筛选

已有的研究表明,水资源的变化趋势与很多因子有关联,并且这些关联有大有小。为了挑选出与水资源变化趋势关系密切的物理因子,并且使所选择的因子之间存在明显的差异性,这里利用灰色关联分析对初选出的聚类指标进行筛选。

设有母序列 $x_0(t)$ 和子序列 $x_i(t)$,设它们在 t 时刻的绝对误差为:

$$\Delta_{0i}(t) = |x_0(t) - x_i(t)| \qquad (t = 1, 2, \cdots, n) \tag{3-2}$$

二级最小差为:

$$\Delta_{\min} = \min_i \ \min_t |x_0(t) - x_i(t)| \tag{3-3}$$

二级最大差为:

$$\Delta_{\max} = \max_i \ \max_t |x_0(t) - x_i(t)| \tag{3-4}$$

那么关联系数:

$$\zeta_{0i}(t) = \frac{\Delta_{\min} + k\Delta_{\max}}{\Delta_{0i}(t) + k\Delta_{\max}} \tag{3-5}$$

式中,k 为分辨系数,$k \in [0, 1]$。由此可得关联度:

$$r_{0i} = \frac{1}{n} \sum_{t=1}^{n} \zeta_{0i}(t) \tag{3-6}$$

关联度 r_{0i} 表示母序列 $x_0(t)$ 和子序列 $x_i(t)$ 之间相关的程度,r_{0i} 大表示 $x_0(t)$ 和 $x_i(t)$

的相关程度高,反之则表示它们之间的相关程度低。

3.1.2.4　权系数的确定

模糊聚类的核心问题是确定各评价指标的权重。按赋值中源信息的出处,可将评价方法分成两类:一类是客观赋权法,其源信息来自统计数据本身,属于这一类的有综合指数法、功效评分法、最优权法和主成分分析法;另一类是主观赋权法,其源信息来自专家咨询,即利用专家群的知识和经验,属于这一类的有层次分析法和模糊综合评价法。

本书对降水资料的聚类分析,其目的是为水资源的合理配置提供来水依据。因此,根据各个时段的有效降水量对综合效益越大所占权重越大的原则,采用综合指数法来确定权系数。综合指数法是一种以正负均值为基准,求每项指标的折算指数后再汇总成综合指数的评价方法,其计算步骤如下:

(1)指数的筛选。选择与各个指标权系数确定相关的主要指数。根据各个时段的有效降水量对综合效益越大所占权重越大的原则,本书选取作物指数(包括各种作物的种植面积、产量和单价)和不同时期不同作物的 λ 值(作物敏感指数)作为确定权系数的依据。

(2)各指数值的确定。各个指标的数值可以根据当地灌区的作物种植结构、产量和单价以及作物敏感指数 λ 确定。

(3)各个指标权系数的确定。各个指标权系数可由下式计算:

$$\omega_i = \sum_{j=1}^{n} k_j P_j Y_j \lambda_{i,j} \tag{3-7}$$

式中:ω_i 为各个指标的权系数,$i = 1, 2, \cdots, m$;k_j 为第 j 种作物所占的种植比例;P_j 为第 j 种作物单价,元/kg;Y_j 为第 j 种作物单位面积的产量,kg;$\lambda_{i,j}$ 为第 j 种作物 i 时段的作物敏感系数。

然后,对其归一化:

$$\widetilde{\omega}_i^* = \widetilde{\omega}_i / \sum_{i=1}^{m} \widetilde{\omega}_i \tag{3-8}$$

3.1.2.5　聚类方法

聚类是指按照事物的某些属性将事物进行分类,使类与类之间的相似性尽量小,同类的相似性尽量大。为判断各样本之间的相似性,常用相似系数和距离来表示。相似系数主要有夹角余弦、相关系数和非参数法;距离主要有闵可夫斯基距离、马氏距离、兰氏距离等。

在未知模糊中心指标矩阵的条件下,聚类分析首先要求解最优模糊聚类矩阵与最优模糊中心矩阵。本书采用陈守煜提出的基于模糊最优加权广义距离模糊划分理论,其基本原理如下。

为了求解最优模糊聚类矩阵 U^* 与最优模糊聚类中心矩阵 S^*,建立目标函数

$$\min\left\{ F(u_{hj}) = \sum_{j=1}^{n} \sum_{h=1}^{c} \left[u_{hj} \| \omega_i(r_{ij} - s_h) \| \right]^2 \right\} \tag{3-9}$$

其意义为:聚类样本集对于全体类别加权广义欧氏距离平方和最小。

当模糊聚类中心矩阵未知时,目标函数可表示为:

$$\min\{F(s_{ih})\} = \sum_{h=1}^{c} \min\left\{\sum_{j=1}^{n} u_{hj}^2 \sum_{i=1}^{m} [\omega_i(r_{ij} - s_{ih})]^2\right\} \tag{3-10}$$

对上式求变量 s_{ih} 的导数，并令导数为零，即

$$\frac{dF(s_{ih})}{ds_{ih}} = 2\sum_{j=1}^{n} u_{hj}^2 \omega_i^2 s_{ih} - 2\sum_{j=1}^{n} u_{hj}^2 r_{ij}\omega_i^2 = 0 \tag{3-11}$$

整理得：

$$s_{ih} = \frac{\sum_{j=1}^{n} u_{hj}^2 r_{ij}\omega_i^2}{\sum_{j=1}^{n} u_{hj}^2 \omega_i^2} \tag{3-12}$$

目标函数式(3-12)中的 u_{hj} 作为未知数，即为目标函数式(3-13)：

$$u_{hj} = \frac{1}{\sum_{k=1}^{c} \frac{\sum_{i=1}^{m} [\omega_i(r_{ij} - s_{ih})]^2}{\sum_{i=1}^{m} [\omega_i(r_{ij} - s_{ik})]^2}} \tag{3-13}$$

求解最优模糊聚类矩阵 U^* 与最优模糊聚类中心矩阵 S^* 的计算步骤如下：

(1)给定 u_{hj} 和 s_{ih} 所要求满足的计算精度 ε_1 和 ε_2。

(2)聚类类别确定和聚类中心的假定。根据历年农业用水的实际，把来水分为枯水、偏枯水、平水、偏丰水和丰水五种典型年。然后，根据每个实际年份的聚类因子，初步估计其所属的来水年型；并假定所属估计类型的隶属度为0.6，其他为0.1；然后假定初始模糊聚类矩阵 U^0（满足 $\sum_{h=1}^{5} u_{hj} = 1$ 与 $1 > u_{hj} > 0$）。

(3)将 U^0 代入式(3-12)求对应的初始模糊聚类中心矩阵 S^0；

(4)将 S^0 代入式(3-13)求一次近似模糊聚类矩阵 U^1；

(5)将 U^1 代入式(3-12)求一次近似模糊聚类中心矩阵 S^1；

(6)逐个比较矩阵 U^l 与 U^{l-1}、S^l 与 S^{l-1} 的对应元素，若 $\max|u_{hj}^l - u_{hj}^{l-1}| \leqslant \varepsilon_1$、$\max|s_{ih}^l - S_{ih}^{l-1}| \leqslant \varepsilon_2$，$l$ 为迭代次数（$l=1,2,\cdots$），则运算停止；否则，反复执行(4)、(5)两步，直到达到要求，可得最优模糊聚类矩阵 U^* 与最优模糊聚类中心矩阵 S^*。

3.1.3　马氏链的预测方法

马尔可夫概型分析是以时间序列内部概率分布结构为出发点，应用多元时间序列分析和马尔可夫过程的理论从实测时间序列中总结出随机过程的概率规律。它常可以用来分析和研究气象中天气现象与天气系统等事件发生的演变规律，未来出现的可能性大小。因此，这一概型在研究以事件为表征的灾害性天气现象的出现、大气过程持续性以及天气形势的转变中有重要的实际意义。

在大气过程的研究中，我们总可以把某些天气现象的出现称为某种"状态"，例如对逐日天气现象划分为"晴"和"雨"两种状态，对以年为单位的气候状况也可以划分为"旱"和"涝"两种状态，或者划分为三种状态："旱"、"正常"和"涝"等。如果在天气演变过程中，明天的"晴"或"雨"状态仅与今天的天气系统状态有关，而与过去的天气状态无

关,这样的过程可以看成是马尔可夫过程。

严格地说,马尔可夫过程是这样的一个过程:若随机过程 $x(t)$,在时刻 t 系统的状态以 E 表示,对于时刻 $\tau(\tau > t)$ 系统所处状态与时间 f 以前所处状态无关,这一过程称为马尔可夫过程。马尔可夫过程又称为无后效的随机过程。马尔可夫链就是时间离散、状态离散的马尔可夫过程。在通常的马尔可夫链中,系统可能存在的状态数目是有限个。

马尔可夫过程是随机过程的一个分支,它最基本的特征是"无后效性",即在已知某一随机过程"现在"的条件下,其"将来"与"过去"是独立的,它是一个时间离散、状态离散的时间序列,其数学表达如下:

定义在概率空间 (Ω, F, P) 上的随机序列 $\{X_{(t)}, t \in T\}$,其中 $T = \{0,1,2,\cdots\}$,状态空间 $I = \{0,1,2,\cdots\}$,称为马尔可夫链,如果对于任意正整数 l, m, k,及任意非负整数 $j_l > \cdots > j_2 > j_1 (m > j_t)$,$i_{m+k}, i_m, i_{jl}, \cdots, i_{j2}, i_{j1}$,有

$$P\{X_{(m+k)} = i_{(m+k)} \mid X_{(m)} = i_m, X_{(jl)} = i_{jl}, \cdots, X_{(j2)} = i_{j2}, X_{(j1)} = i_{j1}\}$$
$$= P\{X_{(m+k)} = i_{(m+k)} \mid X_{(m)} = i_m\} \tag{3-14}$$

成立。这里要求式(3-14)有意义。即假定

$$P\{X_{(m)} = i_m, X_{(jl)} = i_{jl}, \cdots, X_{(j2)} = i_{j2}, X_{(j1)} = i_{j1}\} > 0 \tag{3-15}$$

在实际应用中,一般只考虑齐次马尔可夫链,即对任意 $k, n \in N^+$,有

$$P_{ij}(n,k) = P_{ij}(k) \qquad (i,j = 0,1,2,\cdots) \tag{3-16}$$

其中,$P_{ij}(n,k)$ 表示"阶段 n 的状态为 i,经 k 步转移至状态 j 的概率",$P_{ij}(k)$ 表示"从状态 i 经 k 步转移至状态 j 的概率"。

齐次的马尔可夫链 $\{X_{(t)}\}$ 完全由其初始分布 $\{P_{(i)}, i = 0,1,2,\cdots\}$ 及状态转移概率矩阵所决定。

由于降水量是一相依的随机变量,各阶自相关系数刻画了各种滞时的降水量间的相关关系及其强弱,因而,可考虑先分别依其前面若干时段的降水量对该时段降水量进行预测,然后按前面各时段与该时段相依关系的强弱加权求和,即可以达到充分、合理利用信息进行预测的目的,这就是采用带权马尔可夫链的原因之所在。

在利用马尔可夫链进行降水量预测时首先要解决三个关键问题:

(1)典型年降水时间序列的马尔可夫性质检验。检验随机过程是否具有马尔可夫性质是马尔可夫概型分析的必要前提。根据马尔可夫链的定义,其必须满足"无后效性"的特点,即假定要预报的结果和其前面的状态指标有关,而与以往的历史状态无关,也就是只和现状(最近的观察结果)有关。本书利用马氏链预测降水序列的状态满足下面两个条件:

①本阶段状态与前一阶段状态有关。首先,本文计算各阶滞时时,各阶自相关系数为非零值(最大值大于 0.3),因此说明本阶段状态与前一阶段状态相关;其次,从理论上前一年的降水量势必要影响到后一年,因为如果前一年为丰水年,则相应的蒸发量就大,大气水循环就相应活跃,必将影响后一年的降水。因此,降水序列满足"相关性"。

②与以前其他任何阶段的状态都无关。这一条件是必然的。因为今年降水多少与 10 年前肯定是不相关的,至少相关性极小,故这一条件也能满足。

(2)状态转移概率。转移概率描述了马尔可夫过程各状态之间演变的概率统计特

征,如何确定转移概率的问题是马尔可夫概型分析中的一个重要问题。

在一个马尔可夫链中,系统状态的转移可以是系统中任何一种状态转移至另一状态或与自身相同的状态,设系统共有 M 种状态,记为 $E_i(i=1,2,\cdots,M)$。显然出现其中任一状态的事件构成一个完备事件群,随时间变化由状态 i 转移到状态 j,事件的概率称为转移概率,记为

$$P_{i,j} = P(E_j \mid E_i) \tag{3-17}$$

即由前一时刻状态 E_i 条件下事件 E_j 发生的概率。

由于本次研究把历史降水序列先进行模糊聚类,使之形成丰、偏丰、平、偏枯、枯五种状态,那么各种状态间的转化概率就可以由状态转移概率来刻画。

(3)各阶滞时的马氏链的权重的确定。由于降水量是一相依的随机变量,各阶自相关系数刻画了各种滞时的降水量间的相关关系及其强弱,因而,本次研究首先计算降水量序列的各阶自相关系数,然后通过对各阶自相关系数进行归一化,得到马氏链的各阶滞时的权重。

基于上述思路,带权马尔可夫链预测实现的基本步骤为:

第一步:计算降水量序列的各阶自相关系数

$$r_k = \sum_{t=1}^{n-k}(x_t - \bar{x})(x_{t+k} - \bar{x}) \bigg/ \sqrt{\sum_{t=1}^{n-k}(x_t - \bar{x})^2 \cdot \sum_{t=1}^{n-k}(x_{t+k} - \bar{x})^2} \tag{3-18}$$

式中:x_t 表示第 t 时段的有效降水量;$\bar{x}$ 表示降水量均值;n 为降水序列长度。

第二步:对各阶自相关系数进行归一化,即

$$\tilde{\omega}_k = \mid r_k \mid \bigg/ \sum_{k=1}^{m} \mid r_k \mid \tag{3-19}$$

其中 m 为按预测需要计算到的最大阶数,并将它们作为各种滞时(步长)的马尔可夫链的权重。

第三步:由模糊聚类所得到的分级标准,确定各年的降水量所处的状态。

第四步:按上面得到的状态序列,生成不同步长的马尔可夫链的状态转移概率矩阵。

第五步:分别以前面若干时段各自的降水量为初始状态,结合其相应的状态转移概率矩阵即可预测出该时段降水量的状态概率 $P_i^{(k)}$,i 为状态,$i \in I$,k 为滞时(步长),$k=1,2,\cdots,m$。

第六步:将同一状态的各预测概率加权和作为降水量处于该状态的预测概率,即$P_i = \sum_{i=1}^{m}\tilde{\omega}_k P_i^{(k)}$,取 $\max\{P_i, i \in I\}$ 所对应的 i 即为该时段降水量所处的预测状态,然后根据此状态所对应的聚类中心求出该时段具体的降水量,将其加入原序列,并重复第一步~第六步可连续对未来年的有效降水量进行预测。

第七步:应用马尔可夫链的遍历性定理,求其极限分布,进而分析降水量的分布特征。

3.1.4　R/S预测方法

3.1.4.1　分形的定义

20 世纪 50 年代以前,由于理论计算和实验技术的局限,科学家们无法对自然界做完

美的描述;传统的科学只能把复杂的问题简化成为一个线性问题来研究。20 世纪 50 ~ 60
年代以来,情况发生了变化,非线性科学及相应的复杂性研究开始成为前沿的研究领域。
20 世纪 70 年代,芒德布罗(Mandelbrot)通过对自然界中许多复杂现象层次结构的研究,
提出了分形几何学。分形(fractal)是为了表征复杂图形和复杂过程而引入自然科学领域
的,它的原意是不规则的、支离破碎的物体。

3.1.4.2　R/S 分析法(变标度极差分析法)

多数的时间记录都可以用 R/S 方法进行分析,R/S 方法是 Hurst 于 1965 年首先提出
来的,其全名为"改变尺度范围的分析"(rescale range anlysis),它的基本思想是:改变所研
究的时间尺度的大小,研究其统计特性变化的规律,从而可以将小时间尺度范围的规律用
于大的时间尺度范围,或者将大的时间尺度得到的规律用于小尺度。这种整体和部分之
间规律的相似性,正是分形几何的核心思想。

设某一研究时段的子段为 ε(标度),在研究时段内自然现象出现的子段数为 $N(\varepsilon)$,
若 ε 与 $N(\varepsilon)$ 满足:

$$N(\varepsilon) = C\varepsilon^{-D} \tag{3-20}$$

那么该自然现象具有时间分形结构,D 就是它的时间分维(C 为常数)。

大气降水的丰枯变化在时间轴上表现为不连续的点分布,是一种不规整的 Cantor 集
合(Cantor 集合是一种复杂的和不光滑的集合,由无穷多离散的点组成)。为了对大气降
水的变化趋势进行预测分析,我们采用分数布朗运动(Fractional Brownian Motion)模型,
其相关系数为:

$$\gamma(t) = 2^{2H-1} - 1 \tag{3-21}$$

式中:H 为 Hurst 指数。

由式(3-21)可知,当 $H = 1/2$ 时,$\gamma(t) = 0$,相关系数为 0,序列独立,即为一般的布朗
运动;当 $H \neq 1/2$ 时,$\gamma(t) \neq 0$,相关系数为正(或者负),序列为正(或者负)相关,序列不独
立,即为分数布朗运动。Mandelbrot 将 H 指数推广为 $0 < H < 1$,并得到:

$$R(i)/S(i) = (ai)^H \tag{3-22}$$

$$\bar{x} = \frac{1}{m}\sum_{i=1}^{m} x(i) \qquad (m = 1,2,\cdots,n) \tag{3-23}$$

$$X(i,m) = \sum_{\mu=1}^{i} \{x(\mu) - \bar{x}\} \tag{3-24}$$

$$R(i) = \max X(i,m) - \min X(i,m) \quad (1 \leq i \leq m) \tag{3-25}$$

$$S(i) = \sqrt{\frac{1}{m}\sum_{i=1}^{m}[x(i) - \bar{x}]^2} \tag{3-26}$$

式中:a 为常数;$X(i,m)$ 为累积离差;$R(i)$ 为极差;$S(i)$ 为标准差。

由式(3-22)得:

$$\ln[R(i)/S(i)] = H\ln i + H\ln a \tag{3-27}$$

根据时间序列 $\{x_i\}$,利用数学软件 Matlab 中的最小二乘法,可得式(3-27)的直线回
归方程,则直线的斜率即为 H 指数。

为了预测未来大气降水的变化趋势 x_{n+1}(此时 $m = n$),变化式(3-23)可得:

$$x_{n+1} = (n+1)\bar{x} - (x_1 + x_2 + \cdots + x_n) \tag{3-28}$$

令 $R(n+1)/S(n+1) = [a(n+1)]^H = J$,并将式(3-25)、式(3-26)代入,则

$$\frac{(x_{n+1} - x_1)}{\left\{\dfrac{1}{n+1}\left[(x_1 - \bar{x})^2 + (x_2 - \bar{x})^2 + \cdots + (x_n - \bar{x})^2 + (x_{n+1} - \bar{x})^2\right]\right\}^{1/2}} = J$$

$$(x_1 < x_2 < \cdots < x_n < x_{n+1})$$

将式(3-28)代入上式,可以解得:

$$\bar{x} = \frac{-B + \sqrt{B^2 - 4AC}}{2A} \tag{3-29}$$

式中: $A = nJ^2 - (n+1)^2$

$B = -2[\alpha J^2 - (n+1)(x_1 + \alpha)]$

$C = \dfrac{\alpha^2 + \beta}{n+1}J^2 - (x_1 + \alpha)^2$

$\alpha = x_1 + x_2 + \cdots + x_n, \beta = x_1^2 + x_2^2 + \cdots + x_n^2$

最后将 $\bar{x}$ 代回式(3-28),即可得未来大气降水的变化趋势 x_{n+1}。

3.2　地下水预测

随着地下水资源的大规模开发利用,在满足社会经济发展需要的同时还引发了一系列的严重问题,如地下水资源量不断减少、地下水位持续下降,甚至地面沉降、塌陷等。不但制约了经济的发展,而且对生态环境产生严重的影响。因此,地下水合理的和可持续的开发利用至关重要,而地下水合理开发利用的前提是地下水的预测。目前,主要的模型方法概括起来可归纳为两种:一种是数理模型方法,另一种是趋势预测法。前者主要是根据地下水的补给和排泄规律,利用质量守恒或能量守恒定律模拟地下水的动力特征,从而进行地下水的模拟预测,主要包括解析法(利用裘布依公式、泰斯公式和纽曼公式等计算直接得到精确解)、数值法(有限差分法和有限元法等)和水均衡法,这些方法是建立在足够的数据资料和抽水试验等观测记录的基础上;后者主要是根据历史资料的统计资料,寻找其内部的变化规律进行预测,主要包括回归分析法、数理统计法、模糊数学法、灰色预测法、人工神经网络和遗传算法等。本书针对当前预测方法各自的优缺点,介绍基于模拟退火算法的 BP 人工神经网络。

3.2.1　神经网络概述

人工神经网络(Artificial Neural Networks)是人脑及其活动的一个理论化数学模型。它是从仿生学的观点出发,从生理模拟的角度去研究人的思维与智能。人们研究神经网络已经有几十年的历史,其发展的过程波澜起伏,几经兴衰,目前已经研究出许多网络模型,其中最常见的就是 BP(Back Propagation)网络,被广泛用于各个方面。

随着神经网络这门新技术的兴起,最近几年也将它用于水文水资源的研究中。许多学者对此做了大量的工作。如将模糊模式识别模型同 BP 网络结合起来,建立了新的模

糊模式识别神经网络预测模型;使用自组织竞争人工神经网络对土壤进行分类;将加速遗传算法同 BP 网络结合起来;将变结构的神经网络用于洪水预报;使用敏感型神经网络进行水文预报等。

BP 网络虽然应用广泛,但它也存在不少缺陷,比如学习算法的收敛速度较慢;网络隐层节点数选取带有很大的盲目性和经验性,尚无理论上的指导;新加入的样本要影响已学完的样本等。最大的问题在于传统的权值修正方法即梯度下降法从理论上看,其训练是沿着误差曲面的斜面向下逼近的。对一个复杂的网络来说,其误差的曲面是一个高维空间中的曲面,它是非常复杂和不规则的,其中分布着许多局部极小点。在网络的训练过程中,一旦陷入了这样的局部极小点,就难以逃脱。

模拟退火算法(Simulated Annealing)在求解组合优化问题时引入了统计热力学的一些思想和概念,模拟其达到最低能量状态为系统目标函数的解。其基本思想源于物理学中固体物质(如金属)的退火过程。用模拟退火算法来调整网络权值,开始时网络具有较高的"温度"和"能量",使它可以逃离可能"路过"的局部极小点而不至于被限制在那里,随着"温度"的降低,"能量"也随之降低,又使网络不足以离开"全局极小点区域"。但单独使用模拟退火算法来调整网络权值,会使得网络的学习速度很慢。因此,本书将模拟退火算法同 BP 网络结合起来,以保证在不降低网络学习速度的情况下找到全局极小点。

3.2.2　基于模拟退火算法的 BP 网络模型

设该网络共三层:输入层、隐含层、输出层。

设输入向量为 n 维,输出向量 m 维,隐含层共有 h 个神经元,如图 3-1 所示。

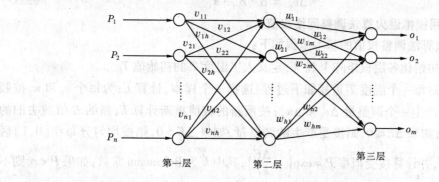

图 3-1　神经网络结构图

3.2.2.1　BP 网络传统学习方法

设输出层的权矩阵为 W,w_{ij} 表示隐含层中第 i 个神经元与输出层中第 j 个神经元之间的权值,$i = 1,2,\cdots,h$;$j = 1,2,\cdots,m$。输入(隐含)层的权矩阵为 V,v_{ij} 表示输入层中的第 i 个神经元与隐含层中第 j 个神经元之间的权值,$i = 1,2,\cdots,n$;$j = 1,2,\cdots,h$。

(X,Y) 为样本集中的一个样本,其中 $X = (x_1,x_2,\cdots,x_n)$,$Y = (y_1,y_2,\cdots,y_m)$。激励函数为:

$$f(net) = \frac{1}{1+e^{-net}} \tag{3-30}$$

该样本对应的实际输出为：

$$O = (o_1, o_2, \cdots, o_m)$$

隐含层的输出为：

$$O' = (o'_1, o'_2, \cdots, o'_m)$$

其中　　　　　$o_j = f(net_j) = f\left(\sum_{i=1}^{h} w_{ij} \cdot o'_i\right)$　　　$(j = 1,2,\cdots,m)$　　(3-31)

$$o'_j = f(net'_j) = f\left(\sum_{i=1}^{n} v_{ij} \cdot x_i\right)　　　(j = 1,2,\cdots,h)　　(3-32)$$

每个样本的误差测度为：

$$E = \frac{1}{2}\sum_{k=1}^{m}(y_k - o_k)^2　　　　　　(3-33)$$

整个样本集的误差测度为 $\sum E$。

根据负梯度方向下降法，输出层权值 w_{ij} 的调整量 Δw_{ij} 为：

$$\Delta w_{ij} = \alpha \delta_j o'_i = \alpha \cdot (y_j - o_j) \cdot (1 - o_j) \cdot o_j \cdot o'_i　　(3-34)$$

其中 α 为学习效率。

隐含层连接权 v_{ij} 的调整量 Δv_{ij} 为：

$$\Delta v_{ij} = \alpha \cdot \sum_{k=1}^{m}(\delta_k \cdot w_{jk}) \cdot (1 - o'_j) \cdot o'_j \cdot x_i$$

令　　　　　　$\sum_{k=1}^{m}(\delta_k \cdot w_{jk}) \cdot (1 - o'_j) \cdot o'_j = \delta'_j$

则：　　　　　　　　$\Delta v_{ij} = \alpha \cdot \delta'_j \cdot x_i$　　　　　　(3-35)

3.2.2.2　利用模拟退火算法调整网络权值

模拟退火算法调整权值的基本步骤如下：

第一步，初始化各层权矩阵 V 和 W；定义人工温度 T 的初始值 T_0。

第二步，对每一个温度 T 重复如下过程：选择一个样本，计算 E；为每个 v_{ij} 和 w_{ij} 按照 Cauchy 分布，产生一个调整量 Δv_{ij} 和 Δw_{ij}；按照新的权值重新计算 E，新的 E 值减去旧的 E 值得出 ΔE；如果 $\Delta E \leqslant 0$，则接受产生的调整量，如果 $\Delta E > 0$，则按均匀分布在 $[0,1]$ 区间取随机数 r，并计算接受概率 $P = \exp\left(-\dfrac{\Delta E}{kT}\right)$，其中 k 为 Boltzmann 常数，如果 $P < r$，则不接受调整量，重新产生新的调整量直至按照概率接受为止；如果样本中还有未被选用的样本，则重复上述方法进行计算。

第三步，降低温度 T。

第四步，如果 T 足够小，则结束，否则转到第二步。

关于该算法有几点说明：

(1)T 的初值 T_0 可以按照如下方法设定：

$T_0 = E$（E 为初始时的值）；按照经验给出。

(2)Cauchy 分布的一般形式为 $p(x) = \dfrac{T}{T^2 + X^2}$　$(0 \leqslant X < +\infty)$，则：

$$\int_0^x p(y)\,\mathrm{d}y = \int_0^x \frac{T}{T^2+y^2}\,\mathrm{d}y = T\int_0^x \frac{1}{T^2+y^2}\,\mathrm{d}y = T\left[\frac{1}{T}\arctan\frac{y}{T}\right]_0^x = \arctan\frac{x}{T}$$

即

$$F(x) = \arctan\frac{x}{T} \qquad F^{-1}(x) = T \cdot \tan x \tag{3-36}$$

由于调整量服从 Cauchy 分布,为了获取其样本只需在 $[0,1]$ 之间按均匀分布随机取一个数 x 代入公式(3-36)即可。为了可以让调整量取得负值,可用 $T \cdot \tan(2x-1)$ 来计算调整量。

(3)当权值调整量服从 Cauchy 分布时,温度下降可以与时间成正比:

$$T = \frac{T_0}{1+t} \tag{3-37}$$

其中 t 为人工时间。

(4)从上述步骤中可以看到,由于是按概率接受权值的调整量,因此网络在学习过程中可能会反复多次才能取定一个调整量,这样会降低学习速度。

3.2.3 基于模拟退火算法的 BP 网络的学习

设训练次数的控制变量为 t,取 Boltzmann 常数 $k=1$,M 为循环次数,$T_0=E$,给定学习效率 α。步骤如下:

第一步,用不同的小随机数初始化权矩阵 W、V;初始人工温度 $T=T_0$;初始化 $t=0$。

第二步,当 $t<M$ 时循环执行下列操作:$t=t+1$;从样本集中选择一个样本 (X,Y) 按照式(3-34)、式(3-35)计算调整量 Δv_{ij} 和 Δw_{ij} 的值,并修改 v_{ij} 和 w_{ij} 值;使用模拟退火算法计算的调整量 Δ_{ij},经判断后若接受 Δ_{ij} 则

$$w_{ij} = w_{ij} + (1-\alpha)\Delta_{ij} \tag{3-38}$$

$$v_{ij} = v_{ij} + (1-\alpha)\Delta_{ij} \tag{3-39}$$

若不接受,则不再重新生成调整量,即仅将按式(3-34)、式(3-35)得出的调整量作为本次权值的调整量;如果样本集中还有样本,重复上述方法计算;降低温度 $T=\frac{T_0}{1+t}$。

由上述步骤可以看出,当用模拟退火算法取定的调整量不被接受时,可以使用按式(3-34)、式(3-35)得出的调整量来调整权值,避免了因反复计算调整量而使得学习速度变慢的缺陷,在不降低学习速度的情况下,找到全局极小点。

3.3 灌区需水量的预测

3.3.1 作物蒸发蒸腾量预测

作物蒸发蒸腾量计算是灌溉预报的基础。在我国,一般把作物蒸腾量与棵间蒸发量之和(即蒸发蒸腾量)称为作物需水量,它等于土壤—植物—大气连续体系中水分传输的速率,该体系中水分传输与水汽扩散的任何一个过程的任何一种因素,均能影响 ET。气

象因素,包括太阳辐射、日照时数、气温、空气湿度与风速等,是影响 ET 的主要因素。对于一定的作物,作物因素包括品种、生育阶段、生长发育情况等,由于其影响作物的根系吸水、体内输水和叶气孔水气扩散,因而对 ET 产生影响。土壤含水率影响土壤水向根系传输以及直接向地表传输的速率,故土壤含水率也是影响 ET 的主要土壤因素。ET 与这些影响因素的关系可表示为:

$$ET = F(S,P,A) \tag{3-40}$$

式中:ET 为作物需水量;S 为土壤因素;P 为植物因素;A 为气象因素。

根据国内外 ET 试验资料的分析,上述各因素对 ET 的综合影响,可以用土壤、植物与气象因素单独对 ET 影响结果之乘积表示。因此,ET 可表示为:

$$ET = F_1(S) \cdot F_2(P) \cdot F_3(A) \tag{3-41}$$

$F_3(A)$ 为气象因素的影响。根据对中国大多数省区灌溉试验站实测 ET 资料的分析可以证实,用修正彭曼公式或彭曼－蒙特斯公式计算出的参照作物需水量 ET_0 是表示气象因素影响的最适合参数,因此:

$$F_3(A) = ET_0 \tag{3-42}$$

$F_2(P)$ 为作物因素的影响。国内外大量预测资料表明,叶面积指数(LAI)是影响 ET 的主要植物因素。但是,LAI 难以迅速在大面积上准确地测定,而实时预报则要求及时地提供此数据,因而在实时预报中难以直接应用 LAI 求出 $F_2(P)$。研究表明,作物叶面积指数与绿叶覆盖百分率 LCP(覆盖率)密切相关,两者相关系数达 0.96 以上,而 LCP 可以在大面积上快速测定,因此可采用 LCP 来计算 $F_2(P)$,即

$$K_c = F_2(P) = F_2(LCP) \tag{3-43}$$

式中:K_c 是作物系数。

$F_1(S)$ 为土壤因素的影响。根据土壤水分运移原理,在实际土壤含水率(ω)小于临界土壤含水率(ω_j)的条件下,有效土壤含水率即实际土壤含水率(ω)与凋萎系数(ω_p)之差是影响 ET 的主要土壤因素,即

$$K_\omega = F_1(S) = f_1(\omega - \omega_p) \quad (\omega < \omega_j) \tag{3-44}$$

K_ω 是土壤水分修正系数。临界含水率 ω_j 即"毛管断裂含水率",其值取决于土壤质地,变化于田间持水率的 70% ~80% 之间。

当实际土壤含水率不低于临界含水率 ω_j 时,土壤含水率对 ET 无影响,即

$$K_\omega = F_1(S) = 1 \quad (\omega \geqslant \omega_j) \tag{3-45}$$

综合以上分析,预报 ET 的基本数学模型为

$$ET = K_c \cdot ET_0 \quad (\omega \geqslant \omega_j) \tag{3-46}$$

$$ET = K_\omega \cdot K_c \cdot ET_0 \quad (\omega < \omega_j) \tag{3-47}$$

或
$$ET = f_2(LCP) \cdot ET_0 \quad (\omega \geqslant \omega_j) \tag{3-48}$$

$$ET = f_1(\omega - \omega_p) \cdot f_2(LCP) \cdot ET_0 \quad (\omega < \omega_j) \tag{3-49}$$

本书作物蒸发蒸腾量实时预报采用的基本模型如下:

$$ET_i = ET_{0i} \cdot K_{ci} \cdot K_{si} \tag{3-50}$$

式中:ET_i 为第 i 天作物蒸发蒸腾量,mm/d;ET_{0i} 为第 i 天参考作物腾发量,mm/d;K_{ci} 为第 i 天作物系数;K_{si} 为第 i 天土壤水分修正系数。

3.3.2　参考作物需水量 ET_0 的计算

参考作物法计算作物需水量是目前国内外最常用的一种方法。该方法是假定存在一种作物(FAO(联合国粮农组织)规定:假设作物高度为 0.12 m,固定的叶面阻力为 70 s/m,反射率为 0.23,非常类似于表面开阔、高度一致、生长旺盛、完全遮盖地面而不缺水的绿色草地),可以作为计算各种具体作物需水量的参照。使用这种方法时,首先是计算参考作物需水量(ET_0),然后利用作物系数(K_c)进行修正,最终得到某种具体作物的需水量。目前应用最为广泛的计算 ET_0 的公式是 Penman – Monteith 公式,它也是 FAO 所确定的计算 ET_0 的首选方法。因此,从实际出发,本书采用修正彭曼公式为基础预报 ET_0。

修正彭曼公式如下:

$$ET_0 = \frac{\frac{P_0}{P} \cdot \frac{\Delta}{r} R_n + 0.26(1 + c \cdot u)(e_a - e_d)}{\frac{P_0}{P} \cdot \frac{\Delta}{r} + 1} \tag{3-51}$$

式中:P_0 为海平面标准大气压,hPa;P 为计算地点的实际气压,hPa;$\frac{P_0}{P}$ 为气压订正项,用下式计算

$$\frac{P_0}{P} = 10^{\frac{ALT}{18\,400(1 + Tem/273)}} \tag{3-52}$$

其中:ALT 为计算点的海拔高度,m;Tem 为计算点的平均气温,℃;Δ 为饱和水汽压—温度曲线上的斜率,hPa/℃,用下式计算

$$\Delta = \frac{25\,966.89}{(241.9 + Tem)^2} \times 10^{\frac{7.63Tem}{241.9 + Tem}} \quad (Tem > 0℃) \tag{3-53}$$

$$\Delta = \frac{35\,485.05}{(265.5 + Tem)^2} \times 10^{\frac{9.5Tem}{265.5 + Tem}} \quad (Tem \leqslant 0℃) \tag{3-54}$$

r 为湿度计常数,用下式计算

$$r = 0.645\,5 + 0.000\,64Tem \tag{3-55}$$

R_n 为太阳净辐射,mm/d,用下式计算

$$R_n = R_{ns} - R_{nl} \tag{3-56}$$

其中:R_{ns} 为太阳短波净辐射量,mm/d,用下式计算

$$R_{ns} = 0.75(a + b \cdot n/N) \cdot R_a \tag{3-57}$$

其中:a、b 为根据日照时数估算的太阳辐射的经验系数;n/N 为日照率;n 为实测日照时数,h;N 为最大可能日照时数,h,用式(3-58)进行计算

$$N = \frac{4}{15}\arcsin\sqrt{\frac{\sin\left(\frac{90.57 + \varphi - \sigma}{2}\right) \cdot \sin\left(\frac{90.57 - \varphi + \sigma}{2}\right)}{\cos\varphi\cos\sigma}} \tag{3-58}$$

其中:φ 为测点的纬度;σ 为赤纬,其值变化在 $-23.5° \sim 23.5°$ 之间。

$$\sigma = 23.5\sin(0.98m - 78.9) \tag{3-59}$$

式中 m 为从 1 月 1 日开始排序的日序,且 $m = 30.4mon - 15.2$,mon 为计算时段的月

份。

R_a 为大气顶部的理论太阳辐射,以等效水面蒸发值表示,mm/d,用下式计算

$$R_a = \frac{R_0}{\rho^2} \cdot \frac{T}{\pi}(\omega_0 \sin\varphi \sin\sigma + \sin\omega_0 \cos\varphi \cos\sigma)/\lambda \tag{3-60}$$

其中:R_0 为太阳常数,其值为 1.367×10^3 J/(s·m²);ρ 为以天文单位表示的日地平均距离(见表 3-1);T 为每天的秒数,即 86 400 s;π 为圆周率,取 3.141 59;ω_0 为日出时角,$\omega_0 = 7.5N$;λ 为水的汽化潜热,J/g,用下式计算

$$\lambda = 2\ 498.8 - 2.33Tem$$

表 3-1　各月以天文单位表示的日地平均距离 ρ

月份	1	2	3	4	5	6	7	8	9	10	11	12
ρ	0.984	0.988	0.995	1.003	1.010	1.016	1.016	1.013	1.005	0.997	0.989	0.984

R_{nl} 为大地的长波辐射,mm/d,用式(3-61)计算

$$R_{nl} = \sigma T_k^4 (0.56 - 0.079\sqrt{e_d}) \cdot (0.1 + 0.9n/N) \tag{3-61}$$

式中:σ 为斯蒂芬 - 波尔兹曼常数,2.01×10^{-9};T_k 为绝对气温,其值为 $273.16 + Tem$;e_d 为空气实际水气压,hPa,用下式计算

$$e_d \approx RH/100e_a \tag{3-62}$$

式中:RH 为空气相对湿度;e_a 为饱和水气压,用下式计算

$$e_a = 6.11 \times 10^{\frac{7.63Tem}{241.9+Tem}} \quad (Tem > 0℃) \tag{3-63}$$

$$e_a = 6.11 \times 10^{\frac{9.5Tem}{265.5+Tem}} \quad (Tem \leq 0℃) \tag{3-64}$$

E_a 为烦躁力,用下式计算

$$E_a = 0.26(e_a - e_d)(1 + cU_2) \tag{3-65}$$

式中:c 为与日最高气温和最低气温有关的风速修正系数,在日平均气温的阶段平均值大于 5 ℃,且最高气温阶段平均值与最低气温阶段平均值之差(ΔT)大于 12 ℃时,用式(3-66)进行计算

$$c = 0.07\Delta T - 0.256 \tag{3-66}$$

其余条件下 $c = 0.54$;U_2 为 2 m 高度的风速,m/s,若用气象站常规观测高度的风速则需乘以 0.75 的修正系数,其他任意高度 H(m)的风速要用下式折算成 2 m 高度风速:

$$U_2 = \frac{4.87 \cdot U}{2.302\ 3 \cdot \log(67.8H - 5.42)} \tag{3-67}$$

式中:U 为该高度处实际风速,m/s;H 为风标高度,m。

当知道实际的气象资料时,采用式(3-51)计算 ET_0。在预测作物蒸发蒸腾量时,气象资料有时不可能预先全部知道,故式(3-51)有时不能直接用于预测 ET_0。根据国内外大量逐日 ET_{0i} 值模拟分析,也可以用下式预测 ET_{0i},即

$$ET_{0i} = \varphi_i \cdot \overline{ET_{0m}} \cdot \exp\left[-\left(\frac{I - I_m}{A}\right)^2\right] \tag{3-68}$$

式中:φ_i 为第 i 天天气类型修正系数,根据不同天气类型的 ET_0 值与同日多年平均 ET_0 值

之比值事先求得,例如,华北平原不同天气类型之 φ_i 值如表 3-2 所示; $\overline{ET_{0m}}$ 为多年平均最大旬参考作物腾发量平均值,mm/d; I 为日序数; I_m 为历年中出现 ET_{0m} 之日序数均值; A 为经验参数。

表 3-2　华北平原不同天气类型下 φ_i 值

月份	天气类型			
	晴	云	阴	雨
1	1.015 4	0.879 6	0.704 0	0.544 5
2	1.046 6	0.930 1	0.737 9	0.522 2
3	1.122 8	0.883 4	0.630 9	0.453 1
4	1.091 8	0.866 0	0.656 5	0.371 2
5	1.043 2	0.938 7	0.712 6	0.403 7
6	1.065 7	0.892 1	0.697 5	0.473 9
7	1.301 3	1.045 2	0.813 1	0.607 4
8	1.263 8	1.053 1	0.817 4	0.638 0
9	1.103 6	0.905 0	0.716 3	0.552 0
10	1.060 8	0.901 3	0.743 8	0.578 7
11	1.008 9	0.894 8	0.822 7	0.688 1
12	1.013 4	0.889 7	0.700 1	0.572 3

其中, I_m 及 A 主要与纬度有关,对于 I_m ,我国绝大多数地区为 191～212,高纬度地区可取 181;对于 A ,华北平原为 112,华中地区为 130,高纬度地区可取 96.8。从而,根据式(3-68),只要给定所需预测的日期及天气类型,便可预测出 ET_{0i} 。

3.3.3　作物系数预测

作物系数 K_{ci} ,也称植物因素函数项,在正常灌溉时,作物植株对蒸发蒸腾量的影响常采用作物系数表中的 K_c 反映。在非充分灌溉条件下,植物因素函数项可分为三个阶段来考虑,即受旱之前、受旱期间和受旱之后。

在一般情况下,第一,由于叶面积与叶气孔的数目成正比,植株蒸腾气孔量的多少,可以用叶面积指数来表示;第二,单个气孔蒸腾面积及蒸腾强度,可以根据叶气孔的行为来分析;第三,植株对棵间蒸发量的影响,也与叶面积大小或叶面覆盖程度有关。因此,植物因素函数项常表示为叶面积指数的函数。由于叶面积指数 LAI 的测定十分复杂,资料有限,可采用绿叶覆盖百分率来代替叶面积指数,不仅精度可满足要求,而且实用性强。

受旱之前的植物因素函数项可表示为:

$$K'_{ci} = a + b \cdot CC_i^n \tag{3-69}$$

式中: a 、 b 、 n 分别为经验常数、系数、指数; CC_i 为绿叶覆盖百分率(%); K'_{ci} 为受旱之前植物因素函数项。

在受旱期间,植株蒸腾强度与叶气孔行为的关系更加密切,而叶气孔能否达到充分张开的程度以及开闭规律又均与水分胁迫的水平和持续时间有关。由于水分胁迫的水平可

以在土壤因素函数项中反映,故受旱期间的作物蒸发蒸腾量计算只需考虑水分胁迫持续时间。受旱期间的植物因素函数项可表示为:

$$K''_{ci} = (a + b \cdot CC_i^n) \cdot \exp(-kN) \tag{3-70}$$

式中:K''_{ci} 为受旱期间植物因素函数项;k 为经验指数;N 为作物进入水分胁迫后的天数,d;其余符号意义同前。

在受旱结束之后,作物恢复正常灌溉,叶面积生长加速,蒸发蒸腾量也随之增加,这种特征一方面表明受旱结束后植物因素函数项的基本因素仍然应该是叶面积指数或绿叶覆盖率,另一方面也表明水分胁迫对蒸发蒸腾量的影响具有后效性。由于作物在受旱期间所受到的水分胁迫的程度愈轻,持续的时间愈短,恢复灌水后的时间愈长,则蒸发蒸腾量"反弹"的幅度愈大,根据对实测资料的分析,受旱以后的植物因素函数项可表示为:

$$K'''_{ci} = (a + b \cdot CC_i^n) \cdot \ln[100 + D_d \cdot \theta_m/(3 \cdot N')]/\ln100 \tag{3-71}$$

式中:K'''_{ci} 为受旱之后植物因素函数项;D_d 为受旱结束复水后天数,d;θ_m 为土壤含水率曾经达到的下限(对于旱作物,以占田间持水率的百分数计,对于水稻,以占饱和含水率的百分数计);N' 为经历水分胁迫的总天数;其余符号意义同前。

利用各地实测资料进行模拟分析,得出式(3-69)~式(3-71)中的经验常数、系数和指数分别为:

棉花　　　　　　$a = 0.507$;　$b = 2.32 \times 10^{-5}$;　$n = 2.27$;　$k = 0.005$

夏玉米　　　　　$a = 0.35$;　　$b = 2.56 \times 10^{-5}$;　$n = 2.27$;　$k = 0.005$

水稻以及冬小麦　$a = 0.9$;　　$b = 0.74 \times 10^{-6}$;　$n = 2.26$;　$k = 0.005$

只要知道当时的绿叶覆盖百分率(如封行为100%,插秧约为5%)、作物处于水分胁迫(缺水)的天数或受旱结束后恢复灌水的天数等简单资料,就可确定植物因素函数项。

无论采用哪一公式来计算 K_{ci},在所预测的日期确定后,唯一的变量是绿叶覆盖百分率 CC_i,据对冬小麦、夏玉米、水稻叶面积指数及绿叶覆盖率的观测和分析,短期内逐日作物绿叶覆盖百分率可通过线性方程进行预测,即

$$CC_i = CC_0 + (CC_T - CC_0)i_f/T \tag{3-72}$$

式中:CC_0、CC_i、CC_T 分别为初始日、第 i 日及第 T 日作物绿叶覆盖百分率;i_f 为从初始日开始往后的日数;T 为从初始日开始至达到某一预定 CC_T 所需日数。CC_0 可取自测报点当时测报的数值,CC_T、i_f 和 T 均可根据作物生长特性预估。

对于作物是否受到水分胁迫,可根据土壤水分状况判别。一般可认为旱作物主要根层土壤平均含水率低于田间持水率60%、水稻主要根层(0~30 mm)土壤平均含水率低于饱和含水率80%以及蔬菜等易受旱作物主要根层土壤平均含水率低于田间持水率70%时,作物会受到水分胁迫。

3.3.4　土壤水分修正系数预测

对于土壤水分修正系数 K_{si},在田间水分充足时,作物蒸发蒸腾量计算一般不考虑此项。在非充分灌溉条件下或水分不足时,土壤因素函数项的影响主要表现为土壤水分胁迫。因此,K_{si} 主要反映土壤水分状况对作物蒸发蒸腾量的影响,即

$$K_{si} = \begin{cases} 1 & \theta_i > \theta_{c1} \\ \ln(1 + \theta_i)/\ln 101 & \theta_{c2} \leqslant \theta_i \leqslant \theta_{c1} \\ \alpha \cdot \exp[(\theta_i - \theta_{c2})/\theta_{c2}] & \theta_i < \theta_{c2} \end{cases} \tag{3-73}$$

式中：θ_i 为第 i 日土壤含水率(%)，对于稻田，为占饱和含水率的百分数，对于旱地，为占田间持水率的百分数；θ_{c1} 为土壤水分绝对充分的临界土壤含水率，稻田为饱和含水率，旱地为田间持水率的 90%；θ_{c2} 为土壤水分胁迫临界土壤含水率，稻田为饱和含水率的 80%，旱地为田间持水率的 60%；α 为经验系数，一般为 0.8~0.95，根据试验成果分析，水稻为 0.95，旱作物为 0.89。

其中，θ_i 应逐日递推。水分胁迫修正系数依据土壤含水率确定，在进行作物蒸发蒸腾量预测时，一般选定土壤含水率等于饱和含水率(水稻田正好无水层时)或田间持水率(旱作物灌溉或降透雨后 1~2 d)的日期为起始日期，或者在预测起始日期测定一次土壤含水率，而后逐日进行水量平衡演算，以确定各预测日期的土壤含水率，在土壤含水率逐日递推演算中，如果又获得实时信息，如遇灌溉或降透雨，则以该时期作为新的初始状态，重新开始递推。根据农田水量平衡原理，土壤含水率递推方程为：

$$\theta_i = \begin{cases} \theta_{i-1} - 1\,000(ET_{i-1} - R_{i-1} - M_{i-1} - UP_{i-1})/(\theta_f A_0 H) & \text{旱作农田} \\ \theta_{i-1} - 10(ET_{i-1} - R_{i-1} - M_{i-1} + W_{i-1})/(A_0 H) & \text{无水层时水稻田} \\ \theta_{i-1} - 10(ET_{i-1} - R_{i-1} - M_{i-1} + S_{i-1})/(A_0 H) & \text{有水层时水稻田} \end{cases} \tag{3-74}$$

式中：θ_{i-1} 为第 $i-1$ 日土壤含水量，以占饱和含水率(水稻)或田间持水率(旱作物)百分数计(%)；ET_{i-1} 为第 $i-1$ 日作物蒸发蒸腾量，mm；R_{i-1} 为第 $i-1$ 日有效降水量(实际降水量减去地表径流)，mm；M_{i-1} 为第 $i-1$ 日灌水量，mm；UP_{i-1} 为第 $i-1$ 日地下水对作物根层的补给量，mm；W_{i-1} 为第 $i-1$ 日稻田自由排水通量，mm；S_{i-1} 为第 $i-1$ 日稻田渗漏量，mm；θ_f 为田间持水率，以占孔隙率的百分数计(%)；A_0 为土壤孔隙率(%)；H 为作物根系吸水层深度，m。

地下水通过毛细管作用向根层的补给量，主要与地下水埋深、土壤质地及作物蒸发蒸腾强度有关，可用下式计算：

$$UP_{i-1} = ET_{i-1}\exp(-\sigma H') \tag{3-75}$$

式中：σ 为经验系数，对砂土、壤土和黏土可分别取 2.1、2.0 和 1.9；H' 为地下水埋深，m。

式(3-75)代入式(3-74)，可得在无灌溉和降水时的土壤含水率：

$$\theta_i = \begin{cases} \theta_{i-1} - 1\,000 ET_{i-1}[1 - \exp(-\sigma H')]/(\theta_f A_0 H) & \text{旱作农田} \\ \theta_{i-1} - 10(ET_{i-1} + W_{i-1})/(A_0 H) & \text{无水层时水稻田} \\ \theta_{i-1} - 10(ET_{i-1} + S_{i-1})/(A_0 H) & \text{有水层时水稻田} \end{cases} \tag{3-76}$$

式中：S_{i-1} 为第 $i-1$ 日稻田渗漏量，mm；W_{i-1} 为第 $i-1$ 日稻田渗漏量(有水层时)或自由排水通量(无水层时)，mm/d，无水层时按下式计算：

$$W_i = 1\,000 K_0/(1 + K_0 \cdot \alpha \cdot t_i/H) \tag{3-77}$$

其中：K_0 为饱和水力传导度，m/d，主要与土壤质地有关，一般为 0.1~1.0，土质愈黏重，其值愈小；α 为经验常数，一般为 50~250，土质愈黏重，其值愈大；t_i 为稻田土壤含水率从饱和状态达到第 i 天水平所经历的天数，d；H 为作物根系吸水层深度，m。

3.4　灌区需水量中长期预报

　　灌区需水量的主要表现就是灌区内各种作物的实际蒸发蒸腾量,它是制定灌溉用水计划、水量分配计划中最基本、最重要的内容之一。只有在作物蒸发蒸腾量预测的基础上,再考虑降水、地下水和客水等补给因素,才能进行灌溉预报。目前,比较常用的方法有历史年型还原法、线性回归预测法和神经网络预测方法等。

　　由于灌区气象资料有限,不能建立回归模型。因此,本书采用实际资料分析,即根据降水量预测的结果确定下一年度的典型年,然后查找与预测年份水文频率相近的某一实际年份,将该实际年各旬的作物蒸发蒸腾量作为预测年份相应时段的作物蒸发蒸腾量。

3.5　相应内容计算

3.5.1　典型年的确定

3.5.1.1　模糊聚类

　　1)聚类指标的初选

　　初步选取了以下7个聚类指标,即冬小麦的播种期及苗期的有效降水量、冬小麦越冬期的有效降水量、冬小麦的返青及拔节期的有效降水量、冬小麦抽穗灌浆及成熟期(相对于棉花的播种出苗期)的有效降水量、夏玉米的苗期及拔节期(相对于棉花的现蕾期和水稻的插秧返青及分蘖期)的有效降水量、夏玉米的抽雄灌浆期(相对于棉花的开花期和水稻的拔节抽穗期)的有效降水量、夏玉米的成熟期(相对于棉花的吐絮期和水稻的开花、乳熟及黄熟期)的有效降水量。

　　2)聚类指标的筛选

　　按照前述方法可得,所选的7个聚类指标与年降水量的相关度分别为:$r_{01}=0.752$,$r_{02}=0.878$,$r_{03}=0.90$,$r_{04}=0.892$,$r_{05}=0.520$,$r_{06}=0.934$,$r_{07}=0.910$,筛选出第2、3、4、6、7个指标为聚类指标。

　　3)各个指标权系数的确定

　　按照3.1节所述方法计算得各指标的权系数如表3-3所示。

　　4)模糊聚类

　　采用陈守煜改进的模糊聚类方法,结果见表3-4最后一列。

表3-3　各指标的权系数

阶段	2	3	4	6	7
权重	0.092	0.175	0.219	0.340	0.173

　　以灌区1960~2002年的资料为例进行典型年的分析预测结果如表3-4所示。

表3-4　历史有效降水量及聚类结果

年份	有效降水量（mm）							模糊聚类结果
	1 阶段	2 阶段	3 阶段	4 阶段	5 阶段	6 阶段	7 阶段	
1961	113.4	27.5	11.1	0	53.8	246.6	54.2	中
1962	88.7	0	71.2	101.6	185.9	301.6	108.1	丰
1963	28.9	29.5	141.1	71.6	21.8	227.5	144.1	丰
1964	106.5	8.1	0	24.8	101.6	28.7	18.2	偏枯
1965	38.8	0	29.6	20.7	67.9	74.7	0	枯
1966	26.3	8.6	64.5	9.6	45.6	200.8	187.3	偏丰
1967	53.4	0	7.6	23.0	38.9	148.2	75.9	偏丰
1968	105.0	34.0	38.4	70.4	7.8	136.4	313.4	丰
1969	9.3	0	8.3	68.5	87.6	285.7	22.0	偏丰
1970	19.8	12.5	52.5	23.3	233.9	146.6	102.3	中
1971	49.6	43.3	13.5	44.1	115.7	114.9	80.3	丰
1972	69.7	21.8	17.9	57.7	130.6	127.7	146.6	中
1973	53.3	6.3	20.4	31.4	61.0	247.7	63.3	偏丰
1974	97.9	30.2	31.6	43.7	76.8	81.0	90.5	偏枯
1975	53.8	28.5	17.3	28.3	65.5	233.6	46.5	中
1976	23.6	7.0	12.3	119.0	110.7	105.2	17.4	中
1977	69.3	6.4	18.7	8.3	96.1	50.4	32.8	枯
1978	55.1	13.3	109.0	64.5	102.5	82.1	54.3	偏枯
1979	20.2	0	31.9	35.1	151.8	114.1	80.8	中
1980	46.6	7.0	12.0	0	60.8	159.4	47.8	偏枯
1981	23.2	7.5	30.2	95.1	127.9	118.9	56.9	枯
1982	38.6	0	50.8	122.6	21.8	155.7	136.0	中
1983	58.0	0	5.1	49.1	113.8	162.1	112.3	中
1984	67.7	0	0	89.9	36.1	95.0	140.9	偏枯
1985	53.2	0	15.3	58.8	56.8	122.2	18.0	枯
1986	55.3	20.3	40.2	47.5	152.7	96.2	87.0	枯
1987	68.9	0	22.9	49.5	104.7	135.4	0	偏枯
1988	26.8	35.9	50.6	31.5	117.5	167.2	17.4	枯
1989	12.6	53.8	83.1	108.8	148.2	177.0	106.1	偏丰
1990	40.2	0	78.0	59.6	51.5	150.3	55.3	丰
1991	6.0	0	12.1	36.9	38.5	166.1	77.3	中
1992	9.6	25.4	13.8	87.7	172.1	144.6	19.9	枯
1993	119.2	5.2	55.0	13.9	159.7	173.9	29.1	丰
1994	94.8	0	26.5	30.0	56.0	158.6	29.8	偏丰
1995	59.5	8.6	9.3	71.6	44.4	174.3	24.3	枯
1996	62.9	0	66.8	63.5	8.6	61.3	61.0	枯
1997	19.1	21.3	57.2	113.1	58.5	258.1	70.3	枯
1998	56.9	0	33.5	23.7	130.3	69.8	76.3	偏丰
1999	0	12.6	14.5	18.0	343.0	90.8	71.4	枯
2000	123.9	25.9	5.0	6.4	101.0	78.3	19.0	中
2001	60.9	0	6.8	43.5	8.6	62	21.0	枯
2002	110.1	21	27.2	102.1	128.5	68.1	30.3	中

3.5.1.2 R/S 分析法预测未来年型

由以上模糊聚类结果知,自1981年以来,灌区共出现过10个枯水年,这些枯水年的年份、年降水量、时间序列 x_i 和对应时间标度 i 的 $R(i)/S(i)$ 见表3-5。

表3-5　濮阳市1981年以来枯水年份及其 $R(i)/S(i)$

i	年份	年降水量(mm)	时间序列 x_i	$R(i)$	$S(i)$	$R(i)/S(i)$
1	1981	379.7	1			
2	1985	494.0	5	4	2	2
3	1986	379.6	6	5	2.160 247	2.314 550
4	1988	406.5	8	7	2.549 510	2.745 626
5	1992	432.9	12	11	3.611 094	3.046 168
6	1995	411.3	15	14	4.597 705	3.044 997
7	1996	464.5	16	15	5.126 960	2.925 710
8	1997	362.6	17	16	5.477 226	2.921 187
9	1999	438.8	19	18	5.887 841	3.057 148
10	2001	328.2	21	20	6.340 347	3.154 401

根据资料,把1980年作为计算零点,确定各时间标度 i 值,可得时间序列 $\{x_i\} = \{1, 5, 6, 8, 12, 15, 16, 17, 19, 21\}$。依次把 $i = 1, 2, \cdots, 10$ 在各行中对应的时间序列 x_i 的值代入3.2节中相应的公式中,利用数学软件 Matlab 中的最小二乘法程序计算得到 $H = 0.260\,8$,$a = 9.332\,5$。当 $H = 0.260\,8$ 时,相关函数 $\gamma(11) = -0.282\,2$(属于负相关的分数布朗运动),得 $R(i)/S(i) = (9.332\,5i)^{0.260\,8}$。由此可以求出 $n = 10$ 时,$J = 3.346$,再把 n、J 和时间序列 $\{x_i\}$ 代入,计算出 $n = 10$ 时枯水年的时间序列均值 $\bar{x}$,然后得到濮阳市下一个枯水年时间序列值为 $x_{11} = 23$。将计算零点还原,即 $1980 + 23 = 2003$(年),也就是说,按照上述重标极差法预测2003年是枯水年。用同样的方法可预测其他年份降水的丰枯情况。

3.5.2　地下水预报

根据计算得到的多年平均地下水可开采量,按照多年地下水总量采补平衡的原则,采用枯水年份多开采、丰水年份少采多补的方法,对可开采地下水量进行预测。又根据《全国地下水资源开发利用规划》中的相关规定:在超采区范围内开采系数大于1.2、年平均地下水位下降速率大于1.5 m、年地面沉降速率大于10 mm 或发生海水入侵或荒漠化等现象之一者即为严重超采。因此,本书按照枯水年最大开采量 $Q_{枯} = 1.2Q_{可开采}$ 预测地下水的开采量。

经查河南省各地市水资源量表,用土地面积之比计算可得水资源量为3.6亿 m^3,其中可利用量为3.58亿 m^3,潜水蒸发量0.02亿 m^3,农业可利用水量占64.53%(注:数据来源于《河南省渠村引黄灌区续建配套与节水改造规划》,年型为现状平水年)。因此,农业可利用水量为 2.31 亿 m³/a。按照上述规定,枯水年地下水可利用量为 2.77 亿 m³/a, 丰水年适当回补地下水。5 种年型所对应的地下水可开采量见表 3-6。

表 3-6 各种年型地下水可开采量

年型	丰	偏丰	平	偏枯	枯
地下水可开采量(万 m³)	18 480	<23 100	23 100	<27 700	27 700

3.5.3 灌区需水量预报

3.5.3.1 ET_0 的计算

按照前述方法首先计算各旬参考作物的腾发量 ET_0,见表 3-7,然后计算各生育期包括的旬 ET_0 的均值作为这个生育期参考作物的腾发量。

表 3-7 ET_0 计算结果

月	旬	ET_0	月	旬	ET_0	月	旬	ET_0
1	上旬	0.459 5		上旬	4.571 5		上旬	4.497 1
	中旬	1.130 9	5	中旬	4.529 7	9	中旬	4.217 4
	下旬	0.892 7		下旬	4.506 8		下旬	4.420 4
2	上旬	1.447 1		上旬	7.010 8		上旬	1.771 6
	中旬	0.988 1	6	中旬	6.173 1	10	中旬	1.806 6
	下旬	1.082 7		下旬	5.868 2		下旬	1.617 1
3	上旬	2.278 9		上旬	4.315 3		上旬	1.239 6
	中旬	2.031 6	7	中旬	5.658 0	11	中旬	0.939 1
	下旬	2.394 9		下旬	4.222 3		下旬	0.897 0
4	上旬	3.513 6		上旬	4.108 6		上旬	1.080 3
	中旬	3.666 9	8	中旬	4.353 8	12	中旬	1.182 2
	下旬	2.912 7		下旬	3.592 8		下旬	1.143 4

3.5.3.2 作物系数 K_c 值的确定

主要作物的作物系数如表 3-8 所示。

表 3-8 主要作物的作物系数

作物	作物系数 K_c												
	1 月	2 月	3 月	4 月	5 月	6 月	7 月	8 月	9 月	10 月	11 月	12 月	全生育期
小麦	0.58	0.58	1.30	1.05	1.83	1.34	—	—	—	0.64	0.66	0.68	1.06
玉米	—	—	—	—	—	0.85	1.32	1.79	1.26	—	—	—	1.14
棉花	—	—	—	0.45	0.45	1.05	1.28	1.28	1.20	1.20	—	—	0.87
水稻	—	—	—	—	—	1.216	1.298	1.344	1.213	—	—	—	1.268

3.5.3.3　土壤水分修正系数 K_w 的确定

当干旱缺水时,土壤含水量降低,根系吸水率降低,作物将遭受水分胁迫,引起气孔阻力增大,从而导致胁迫条件下的作物蒸发蒸腾速率低于无水分胁迫时的蒸发蒸腾速率。因此,水分胁迫条件下土壤水分的修正系数有以下两种情况:

$$K_\omega = \ln(1 + \omega)/\ln101 \qquad (当 \omega_{c2} \leqslant \omega < \omega_{c1} 时)$$

$$K_\omega = \alpha \cdot \exp[(\omega - \omega_{c2})]/\omega_{c2} \qquad (当 \omega < \omega_{c2} 时)$$

式中:ω 为计算时段内的土壤含水量; ω_{c1} 为土壤水分绝对充分的临界土壤含水率,稻田为饱和含水率,旱地为田间持水率的 90% ,在本次研究中,据实际情况取为 0.9 ;ω_{c2} 为土壤水分胁迫临界土壤含水率,稻田为饱和含水率的 80% ,旱地为田间持水率的 60% ,在本次研究中,据实际情况取为 0.61 。

根据实际的模拟土壤水分变化情况,通过上式模拟预测土壤水分修正系数。

第4章 灌区水资源中长期优化配置

水资源优化配置是在资源、环境、社会经济大环境中研究有限的水资源如何发挥最大的社会、经济、环境效益,促进社会可持续发展和水资源可持续利用。灌区水资源优化配置必须考虑水资源的开发利用与保护相结合,协调部门之间的用水关系,提高综合用水效益。

灌区水资源优化配置是一个复杂的多级多目标的大系统优化问题,它包括制定合理的作物灌溉优化制度及种植优化结构、灌溉配水计划,对有限的灌溉水资源进行时、空优化分配,并对灌区的多种水源进行联合优化调度等。

优化配置的主要原则是:①提高水的利用效率,节约用水;②充分利用黄河入境客水;③保障城乡居民生活用水,缓解工农业缺水状况;④实现污水资源化;⑤保护地下水、涵养地下水资源。水资源统一调度与优化配置包括地表水与地下水的联合调度,以及水资源在国民经济各部门的优化配置。本书结合大系统分解协调理论,基于可持续发展的观点研究建立了一个可以用于灌区水资源优化配置的具有三层递阶结构的大系统分解协调模型。

在水资源优化配置建模中,本研究的基本思想为:在区域供水量不足的条件下,将有限的水量最优地分配给各子区,再由各子区最优地分配给不同的作物,各种作物在获得一定的灌溉水量后,应将水量在不同的生育阶段进行合理的分配,从而确定水资源最优分配过程,使区域总效益最大。不同子区之间的配水属于区域总系统的优化,多种作物之间的配水属于各子区系统的优化,作物各生育阶段之间的配水属于各作物子系统的优化。将作物子系统作为第一层,子区系统作为第二层,区域总系统作为第三层,通过供水量将一、二、三层联系起来,则成为一个具有三层结构的大系统,并用分解协调模型求解。基于上述思路,运用大系统分解协调模型来进行灌区水资源优化配置。

灌区中长期水资源优化调度是灌区规划和管理的基础,它是灌区水资源实时优化调度的前提和约束条件。实时调度没有中长期优化调度作为指导,就失去了其实际意义,因此灌区的中长期优化调度是实时调度不可缺少的重要组成部分。它主要包括以下几个方面:节水灌溉条件下作物的最优灌溉制度、作物的最优种植比例、农作物间灌溉水量最优分配、灌溉渠系最优水量分配及地区间灌溉水量的最优分配等。而对作物进行灌溉制度优化设计的研究,必须深入了解水分亏缺、水分胁迫、作物水分生产函数的概念。

4.1 作物水分亏缺及水分胁迫

4.1.1 土壤水分亏缺

从土壤水分平衡的观点出发,在某一阶段或作物全生育期内,供给土壤的水量小于土

壤水分消耗量时,产生土壤水分亏缺(Soil Water Deficit,S_{WD}),在一般情况下有:

$$S_{WD} = (ET_c + \Delta\omega_p) - (P_e + G + I_N)$$
$$= (S_r + E_s) - (P_e + G + I_N) \tag{4-1}$$

式中:S_{WD} 为某时段的土壤水分亏缺量,mm;ET_c 为作物的蒸发蒸腾量,mm;$\Delta\omega_p$ 为植物体内贮水量的变化值,mm;P_e 为有效降水量,mm;G 为地下水补给量,mm;I_N 为净灌水量,mm;S_r 为根系吸水量,mm;E_s 为棵间土壤蒸发量,mm。

4.1.2 土壤水分胁迫

土壤水分亏缺量(S_{WD})仅从土壤水分供需平衡状况反映了土壤水分状况。只有当 S_{WD} 大于某一数值时,才会对作物生长发育产生不利影响。因此,从作物生长的角度出发,引入水分胁迫(Soil Water Stress,S_{WS})的概念更为合适,即

$$S_{WS} = S_{WD} - (\omega_0 - \omega_j) = S_{WD} - \Delta\omega_{0j} \tag{4-2}$$

式中:S_{WS} 为土壤水分胁迫指标,mm;ω_0 为某时段土壤的初始贮水量,mm;ω_j 为植物正常生长发育所允许的最小土壤贮水量的界限值,可取田间持水率 60% ~80%,mm;$\Delta\omega_{0j}$ 为时段初土壤贮水量与植物正常生长发育所允许的最小贮水量界限值之差,mm。

利用式(4-1)、式(4-2),考虑 $\Delta\omega_p \approx 0$,则

$$S_{WS} = S_{WD} - (\omega_0 - \omega_j) = ET_c - (P_e + G + I_N) - \omega_0 + \omega_j$$
$$= (ET_c + \omega_j) - (\omega_0 + P_e + G + I_N) = W_N - W_C \tag{4-3}$$

式中:W_N 为作物一定时期的需水量;W_C 为实际供水量。

从物理学意义上考虑,土壤水分亏缺与土壤水分胁迫是两个不同的概念,但它们之间有密切的联系。土壤水分亏缺(S_{WD})没有考虑原有贮水量的水平和作物允许的土壤最小贮水量要求,而 S_{WS} 反映了与作物的关系。只有当 $\Delta\omega_{0j} = 0$ 时,才有 $S_{WS} = S_{WD}$。当 $\Delta\omega_{0j} > 0$ 时,即土壤中还有一部分贮水量可供作物正常生长发育所利用,此时,$S_{WS} < S_{WD}$。当 $\Delta\omega_{0j} < 0$ 时,即土壤中原有的贮水量就低于作物正常生长所要求的最小贮水量,相当于连续受旱的情况,此时 $S_{WS} > S_{WD}$。

4.1.3 作物水分亏缺

从土壤-植物-大气连续体(The Soil-Plant-Atmosphere Continuum,SPAC)水分传输动力学观点出发,当蒸腾失水超过根系吸水时,即发生作物水分亏缺,使植物体内贮水量减少或叶面水势降低。因此,作物水分亏缺(Corp Water Deficit,C_{WD})常表示为:

$$C_{WD} = T - S_r \tag{4-4}$$

式中:T 为保证作物正常生长发育条件下的蒸腾量,mm;S_r 为根系实际吸水量,mm。

只有当植物水分的吸收、运输、散失三者调节适当时才能维持良好的水分平衡。当水分供应不再能满足蒸腾的需求时,水分平衡会失调,作物出现水分亏缺。

在无土壤水分胁迫条件下,作物在炎热的中午也会因过大的蒸腾失水而产生作物水分亏缺。但一定范围的作物水分亏缺不会对其正常生长发育产生不利影响。

4.1.4 作物水分胁迫

当作物水分亏缺发展到使植物的水势和膨压降低到足以干扰其正常机能时,才产生

作物水分胁迫(Crop Water Stress, C_{WS})。

4.2　作物水分生产函数

4.2.1　作物水分生产函数的定义

作物受旱后的损失通常是指作物在充分灌溉条件下的最大产量与其受旱时的实际产量的差,因此作物的干旱与作物水分生产函数的概念密切相关。作物产量与水分因子之间的数学关系称为作物水分生产函数(Water Production Function)。

水分作为生产函数的自变量一般用 3 种指标表示:灌水量(W)、实际蒸发蒸腾量(ET_0)、土壤含水量(θ_a)。表示因变量产量的指标也有 3 种:单位面积产量(Y)、平均产量($K = Y/W$)、边际产量($y = \mathrm{d}Y/\mathrm{d}W$)。

边际产量指水量变动时引起的产量变动率,为水分生产函数的一阶导数,在经济学中称为增值或增量。从数学定义可知,边际产量是产量特征曲线上任意一点的斜率。

4.2.2　作物水分生产函数的数学模型

4.2.2.1　静态模型

静态模型是描述作物最终产量(干物质或籽粒产量)与水分的宏观关系,而不考虑作物生长发育过程中干物质是如何积累的微观机制。这类模型有两类:全生育期水分的数学模型;生育阶段水分的数学模型。

1)全生育期水分的数学模型

全生育期的数学模型常见的为抛物线形式:

$$Y = a_0 + b_0 \cdot W \cdot + c_0 \cdot W^2 \tag{4-5}$$

式中:Y 为作物产量;W 为灌水量;a_0、b_0、c_0 为经验系数,根据实际问题 $c_0 < 0$。

2)生育阶段水分的数学模型

生育阶段的数学模型有乘法模型和加法模型。

a. 乘法模型

乘法模型由各生育阶段(i)的相对蒸发量或相对缺水量作自变量,用各阶段连乘的数学式构成阶段效应对产量(相对产量)总影响的数学模型。有代表的乘法模型有以下 4 种。

(1)Jensen 模型

$$\frac{Y_a}{Y_m} = \prod_{i=1}^{n} \left(\frac{ET_a}{ET_m} \right)_i^{\lambda_i} \tag{4-6}$$

式中:Y_a 为作物实际产量;Y_m 为作物最大产量;ET_a 为实际腾发量;ET_m 为最大腾发量;i 为生育阶段划分序号;λ_i 为作物不同阶段缺水量对产量的敏感系数。

(2)Minhas 模型

$$\frac{Y_a}{Y_m} = a_0 \cdot \prod_{i=1}^{n} \left[1 - \left(1 - \frac{ET_a}{ET_m} \right)^{b_0} \right]^{\lambda_i} \tag{4-7}$$

式中:b_0 为自变量的幂指数(常数),Minhas 等认为 $b_0 = 2.0$;a_0 为修正系数,$a_0 \leqslant 1.0$。

(3)Rao 模型

$$\frac{Y_a}{Y_m} = \prod_{i=1}^{n} \left[1 - K_i \left(1 - \frac{ET_a}{ET_m} \right) \right] \tag{4-8}$$

式中:K_i 为作物不同阶段缺水量对产量的敏感系数。

(4)Hanks 模型

$$\frac{Y_a}{Y_m} = \prod_{i=1}^{n} \left(\frac{E_a + T_a}{E_m + T_m} \right)_i^{\lambda_i} \tag{4-9}$$

式中:E_a 为土壤棵间实际蒸发量;T_a 为叶面实际蒸腾量;E_m 为土壤棵间最大蒸发量;T_m 为叶面最大蒸腾量。

b. 加法模型

加法模型由各生育阶段(i)的相对蒸发量或相对缺水量作自变量,用各阶段连加的数学式构成阶段效应对产量(相对产量)总影响的数学模型。有代表的加法模型有以下 4 种。

(1)Blank 模型

$$\frac{Y_a}{Y_m} = \sum_{i=1}^{n} K_i' \left(\frac{ET_a}{ET_m} \right)_i \tag{4-10}$$

式中:K_i' 为作物不同阶段缺水量对产量的敏感系数。

(2)Stewart 模型

$$\frac{Y_a}{Y_m} = 1 - \sum_{i=1}^{n} K_i \left(1 - \frac{ET_a}{ET_m} \right)_i \tag{4-11}$$

式中:K_i 为产量影响系数。

(3)Singh 模型

$$\frac{Y_a}{Y_m} = 1 - \sum_{i=1}^{n} k_i \left[1 - \left(1 - \frac{ET_a}{ET_m} \right)_i^{b_0} \right] \tag{4-12}$$

式中:b_0 为经验系数,Singh 等认为 $b_0 = 2$。

(4)D - G 模型

$$\frac{\Delta Y_a}{\Delta \bar{Y}_{m,N}} = \sum_{i=1}^{n} \left\{ K_i^* \left[1 - \left(1 - \frac{M_a}{M_m} \right)_i^{2m_0} \left(\frac{M_m}{M_{a,N}} \right)_i \right] \right\} \tag{4-13}$$

式中:N 为寻求平均渐近值的样本(实验)年数;m_0 为作物指数,指全生育期内因作物种类不同对相对缺水量的幂指数,$m_0 = 0.6 \sim 1.0$,如玉米 $m_0 = 1.0$,苜蓿 $m_0 = 0.7$;K_i^* 为 D - G 称为某一生育阶段平均灌溉增产的分摊系数($\sum_{i=1}^{n} K_i^* = 1$),或称灌溉的阶段效应系数(对不同灌溉缺水而言),其含义即阶段水分敏感系数;$\Delta \bar{Y}_{m,N}$ 为每一生育阶段保持充分供水($M_{m,i}$)的最佳条件下,N 年最大单位面积增产值(ΔY_m)的平均值,即 $\Delta \bar{Y}_{m,N} = \sum_{j=1}^{N} Y_{m,j} / N$,$j = 1, 2, \cdots, N$;$\Delta Y_a$ 为某一年由非充分供水(M_a)的单位面积作物的增产值;$\bar{M}_{a,N}$ 为某一生育阶段实际供水量(M_a)的多年平均值,即 $\overline{M}_{a,N} = \sum\limits_{j=1}^{N} M_{a,j}/N$。

4.2.2.2　动态模型

作物水分生产函数的动态模型描述作物生长过程中干物质的积累过程对不同水分水平的响应,并根据这种响应来预测不同时期的作物干物质积累量及最终产量。这类模型又可分为机理型和经验型两种。

1)机理型动态模型

所谓机理型动态模型是从作物水分生理角度出发模拟作物生长过程(包括同化、呼吸和蒸腾等微观过程),并通过作物生长过程的模拟来预测干物质的产量。

$$q_a = \frac{A}{2} \cdot \frac{T}{\Delta e} + \frac{q_m}{2} - \frac{1}{2}\left[\left(q_m + A \cdot \frac{T}{\Delta e}\right)^2 - 4q_m \cdot A \cdot \frac{T}{\Delta e} \cdot (1 - \xi)\right]^{1/2} \quad (4\text{-}14)$$

式中:A 为水分的最大有效利用率;q_a 为干物质的实际日形成率;T 为蒸腾速率;$\overline{\Delta e}$ 为饱和水气压与实际水气压之差的平均值;ξ 为系数($\xi \approx 0.01$);q_m 为养分和水分供应充足条件下的干物质日形成率。

$$q_m = \left[P_{sl} \cdot (1 - e^{-\gamma LAI}) - x_m\right]C \quad (4\text{-}15)$$

式中:P_{sl} 为标准冠层状态($LAI = 5$)下的光合作用率;γ 为辐射界限系数($\gamma \approx 0.75$);LAI 为作物叶面指数;x_m 为表征呼吸作用的特征量;C 为糖分转化淀粉系数。

2)经验型动态模型

与机理动态模型不同的是这种模型并不描述作物干物质积累的各微观过程,而仅对干物质的积累过程对水分的影响进行模拟。该模型将干物质积累随土壤水分的变化用递推方程描述为:

$$X_t = \Gamma(t)^{\sigma(Am_t)} X_{t-1} \quad (4\text{-}16)$$

式中:X_t、X_{t-1} 为第 t 天和第 $t-1$ 天的积累干物质量;$\Gamma(t)^{\sigma(Am_t)}$ 为干物质形成系数;$\sigma(Am_t)$ 为反映作物生长与有效含水率之间关系的系数。

$$Am_t = \frac{(\theta_t - \theta_p)}{(\theta_f - \theta_p)} \quad (4\text{-}17)$$

式中:θ_f 为田间持水率;θ_p 为凋萎系数。

根据上式,得到收获时的干物质产量表达式:

$$Y_t = k \prod_{t=1}^{D} \Gamma(t)^{\sigma(Am_t)} X_e \quad (4\text{-}18)$$

式中:Y_t 为收获时作物干物质的产量;D 为生殖生长期总天数;X_e 为苗期的干物质产量;k 为反映生殖生长的系数。

4.3　单一作物的最优灌溉制度

建立单一作物优化灌溉制度模型,就是根据作物间水量分配模型算出的该作物优化配置的总水量,将其合理地分配到作物的各生育阶段。

作物灌溉制度的优化,是多阶段决策过程,采用动态规划的数学模型,以作物生育阶段为阶段变量;各阶段实际灌水量为决策变量;模型具有两个状态变量,即各时段初可灌溉水量和计划湿润层土壤含水量;以土壤计划湿润层的水量平衡方程为系统方程,单位面积的产量最大为目标;约束条件为:水量平衡、各水源分配灌溉水量、土壤含水率等。

4.3.1　节水灌溉最优灌溉制度的含义

农作物的灌溉制度是指作物播种前及全生育期内的灌水次数、每次的灌水日期、灌水定额及灌溉定额。不考虑灌水成本,仅就使作物增产来说,传统的充分灌溉条件下的最优灌溉制度是指适时适量地对农作物进行灌溉,即当土壤含水量(或田间水层)达到某一允许的下限值(即适宜土壤含水率或田间水层下限)时,则进行灌溉,灌溉上限值一般应使土壤含水量(或田间水层)达到田间持水率(或田间适宜水层上限),其目的是使作物生长条件得到最大限度的满足,从而获得高产。

当分配给某片土地上某种作物的总灌溉水量(灌溉定额)已经确定,并且小于该作物整个生育期的总灌溉需水量,那么应当如何将总灌溉水量分配到作物的各生长阶段,即各阶段的配水量应是多少,使得在此供水不足的条件下获得最好的产量,这就是在一定的总灌溉定额(节水灌溉)下求最优灌溉制度,即一定的总灌溉水量在农作物生长期内的最优分配问题。在节水灌溉或非充分灌溉条件下,农作物全生长期的总需水量及各生育阶段的需水量不可能全部得到满足,这将不可避免地引起农作物不同程度的减产。但作物减产的程度随着不同作物、不同生长阶段的缺水程度而异。在这种情况下,合理的灌溉应是在弄清作物在不同生长阶段缺水减产情况的基础上实行限额灌溉,寻求分配给该作物的总灌溉水量在其生育阶段的最优分配,使整个生长期的总增产值最大。也就是在一定的总灌溉水量控制条件下,确定灌水次数、灌水日期、灌水定额及土壤水分的最优组合。

4.3.2　节水灌溉制度优化设计的动态规划法

4.3.2.1　作物水分生产函数

确定节水型的优化灌溉制度,必须以能体现作物各阶段水量对产量产生影响的水分生产函数为依据,节水型优化灌溉制度的确定,是作物水分生产函数最基本的用途。本书选用应用最为广泛的 Jensen 模型作为作物水分生产函数模型。

4.3.2.2　实际腾发量的确定

当根区含水率 θ_t 大于或等于土壤临界含水率 θ_c 时,实际腾发强度 et 等于潜在腾发强度 et_m;当 $\theta_t < \theta_c$ 时,$et < et_m$。

针对某一阶段,要求解实际总腾发量,须解决两个问题:一是临界含水率 θ_c 的大小,二是当 $\theta_t < \theta_c$ 时土壤含水率随时间变化的模型或实际腾发量随 θ_t 变化的关系。

一般将毛管断裂含水量定为 θ_c。实践表明,除晒田末及黄熟期外,可将 75% 的饱和含水率定为水稻适宜含水率的下限。

关于 $\theta_t < \theta_c$ 时 θ_t 随时间 t 变化的模型,国内外学者提出过多种方法。常采用的一种方法是认为此时土壤耗水率随土壤有效含水率(实际含水率与凋萎含水率差)呈线性递减关系(Tsakiris,1982)。由于此时稻田无渗漏,当不计地下水对稻田根区的补给时,实际腾发率成为引起根区土壤含水率变化的唯一因素。此时可推导出以下的土壤有效含水率

随时间 t 的变化关系：

$$\theta_t = \theta_c \cdot \exp\left(-et_m \cdot \frac{t}{\theta_c}\right) \qquad (4\text{-}19)$$

式中：θ_c 为土壤含水率在适宜含水率下限时根区有效含水量，mm；t 为从 θ_c 到计算点 θ_t 的天数，d；et_m 为潜在腾发量，mm/d。

若某阶段水稻处于潜在腾发和腾发受抑制之天数分别为 t_1 和 t_2，则其实际总腾发量为：

$$ET = et_m \cdot t_1 + \theta_c \left[1 - \exp\left(-et_m \cdot \frac{t_2}{\theta_c}\right)\right] \qquad (4\text{-}20)$$

根据预报的降雨日期和降雨量，可由动态规划得出各阶段的灌水量 m_i，将亏水日期放在阶段的后期，前期以 θ_c 作为灌水下限指标，可得出具体灌水日期及每次灌水定额。

4.3.2.3　有效降水量（稻田）

农作物灌溉制度与其生育期的有效降水量的大小及时程分布有极大关系。

节水灌溉或非充分灌溉条件下，平时稻田水分状况一般是从土壤含水率占饱和含水率的 80% 至田面有约 20 mm 深的水层。降水后为增加雨水利用量，一般采用深蓄措施，其允许回蓄深度上限与一般常规灌溉相同。一次降水不超过田面允许水深上限的降水量均为有效降水量，超过部分为排水量。用公式表示为

$$P_e = \begin{cases} P, & P \leqslant H_{\max} - H_0 \\ H_{\max} - H_0, & P > H_{\max} - H_0 \end{cases} \qquad (4\text{-}21)$$

式中：P_e 为一次降水的有效降水量，mm；P 为一次降水量，mm；H_0 为一次降水开始时田面水层深度，mm；$H_{\max}$ 为田面允许最大蓄水深度，mm。

节水灌溉条件下，由于平时田面水层较浅，在相同的允许蓄水上限 $H_{\max}$ 条件下，降水时比常规灌溉回蓄更多的降水量，因此其有效降水量比常规灌溉大。

4.3.2.4　数学模型

某种农作物最优灌溉制度的设计过程，可以看成是一个多阶段决策过程，用动态规划模型描述如下（以水稻为例）。

1）阶段变量

根据农作物的生长过程，将其全生长期划分为 N 个不等长的生长阶段，阶段变量为 $n = 1, 2, \cdots, N$，其编号与阶段初编号一致。

2）决策变量

决策变量为各生长阶段的实际灌水量 m_i。

3）状态变量

状态变量为各阶段初可用于分配的灌溉水量 q_i 及初始田面蓄水深度 h_i。稻田处于非饱和状态时，h_i 也是土壤含水率的函数，可由根系层平均土壤含水率与饱和含水率之差折算成相应的水深，令饱和状态水深为零，此时水深 h_i 为负数，即

$$h_i = 10\gamma H(\theta - \theta_s) \qquad (4\text{-}22)$$

式中：θ_s 为土壤饱和含水率，以占干土重的百分数计；θ 为计划湿润层（水稻根系层）内土壤平均含水率，以占干土重百分数计；γ 为土壤干容重，t/m³；H 为计划湿润层深度，m。

4)系统方程

系统方程是描述系统在运动过程中状态转移的方程,由于本系统有两个状态,故系统方程也有两个。

其一是水量分配方程,若对第 i 个生长阶段采用决策 m_i 时,可表达为

$$q_{i+1} = q_i - m_i \tag{4-23}$$

式中: q_i、q_{i+1} 分别为第 i 及第 $i+1$ 阶段初系统可用于分配的水量(换算成单位面积水深,以下同),mm;m_i 为第 i 阶段的灌水量,mm。

第二个系统方程为田间水量平衡方程,即

$$h_{i+1} = h_i + P_{ei} + m_i - (ET_a)_i - D_i - K_i \tag{4-24}$$

式中: h_i、h_{i+1} 分别为第 i 及第 $i+1$ 阶段初田面水层深度,mm;D_i 为第 i 阶段的排水量,mm;$(ET_a)_i$ 为第 i 阶段的实际蒸发蒸腾量,mm;K_i 为第 i 阶段的渗漏量,mm;P_{ei} 为第 i 阶段的有效降水量,mm。

5)目标函数

采用 Jensen 提出的在供水不足条件下,水量和农作物实际产量的连乘模型,目标函数为单位面积的实际产量 Y_a 与最高产量 Y_m 的比值最大,即

$$F = \max\left(\frac{Y_a}{Y_m}\right) = \max \prod_{i=1}^{N} \left(\frac{ET_a}{ET_m}\right)_i^{\lambda_i} \tag{4-25}$$

式中: λ_i 为农作物各生育期缺水对产量影响的敏感指数;其余符号意义同前。

6)约束条件

(1)决策约束

$$0 \leqslant m_i \leqslant q_i \quad (i = 1, 2, \cdots, N) \tag{4-26}$$

$$\sum_{i=1}^{N} m_i = Q \tag{4-27}$$

式中: Q 为作物全生长期单位面积上可供分配的水量,mm。

(2)状态(田面水深 h_i)约束

$$(H_{\min})_i \leqslant h_i \leqslant (H_{\max})_i \tag{4-28}$$

式中: $(H_{\min})_i$、$(H_{\max})_i$ 为第 i 阶段田面水深的下、上限,mm。

$(H_{\max})_i$ 的值可根据实际灌溉经验确定,$(H_{\min})_i$ 则根据根系层土壤平均含水率下限值(根据试验确定,取饱和含水率的80%)及根系层深度确定,一般为负值。

(3)其他约束

$$(ET_{\min})_i \leqslant (ET_a)_i \leqslant (ET_{\max})_i \quad (i = 1, 2, \cdots, N) \tag{4-29}$$

式中: $(ET_{\max})_i$、$(ET_{\min})_i$ 分别为第 i 阶段的最大及最小蒸发蒸腾量,mm。

7)初始条件

(1)假定插秧时田面水深已知,即

$$h_1 = h_0 \tag{4-30}$$

式中: h_0 为插秧后稻田保持的水深,一般取 20 mm。

(2)第一阶段可用于分配的水量为农作物全生长期初可用于分配水量,即

$$q_i = Q \tag{4-31}$$

以上数学模型是针对水稻建立的,如对旱作物,则有些地方稍作改动即可,具体为:

状态变量为各阶段初可用于分配的灌溉水量 q_i 及计划湿润层内可供农作物利用的土壤水量 S_i,S_i 是土壤含水率的函数,即

$$S_i = 10\gamma H(\theta - \theta_w) \tag{4-32}$$

式中:S_i 为土壤贮水量,mm;θ_w 为土壤含水率下限,约大于调萎系数,以占干容重的百分数计;其余符号意义同前。

第二个系统方程改为土壤计划湿润层内的水量平衡方程,即

$$S_{i+1} = S_i + m_i + P_{ei} + CK_i - (ET_a)_i - K_i \tag{4-33}$$

式中:S_i、S_{i+1} 分别为第 i 及第 $i+1$ 阶段初土壤中可供利用的水量,mm;CK_i 为第 i 阶段的地下水补给量,mm。

田面水深 h_i 的约束改为土壤含水率约束,即

$$\theta_w \leqslant \theta \leqslant \theta_f \tag{4-34}$$

式中:θ_f 为田间持水量,以占干土重百分数计。

第一个初始条件改为初始土壤含水率 θ_0 已知,即

$$\theta_1 = \theta_0 \tag{4-35}$$

则有
$$S_1 = 10\gamma H(\theta_0 - \theta_w) \tag{4-36}$$

4.3.2.5　数学模型的求解方法

本模型是一个具有两个状态变量及一个决策变量的二维动态规划问题,可用动态规划逐次渐进法(DPSA)求解,其步骤如下:

第一步,把各生长阶段初可供利用的水量 h_i 作为已知的虚拟轨迹,以每阶段可供分配的水资源量 q_i 为第一个状态变量,并将其离散为 NT 个水平,相应地将决策变量 m_i 离散,则该问题就变成一维的资源分配问题,可用常规动态规划求解。采用逆序递推,顺序决策计算,其递推方程为

$$f_i^*(q_i) = \max_{m_i}\{R_i(q_i,m_i) \cdot f_{i+1}^*(q_{i+1})\} \quad (i = 1,2,\cdots,N-1) \tag{4-37}$$

式中:$R_i(q_i,m_i)$ 为在状态 q_i 下,作决策 m_i 时所得本阶段效益,用下式计算

$$R_i(q_i,m_i) = \left(\frac{ET_a}{ET_m}\right)_i^{\lambda_i} \quad (i = 1,2,\cdots,N-1) \tag{4-38}$$

$f_{i+1}^*(q_{i+1})$ 为余留阶段的最大效益,用下式计算

$$f_N^*(q_N) = \left(\frac{ET_a}{ET_m}\right)_N^{\lambda_N} \quad (i = N) \tag{4-39}$$

通过择优计算,可求得给定初始条件下的最优状态序列 $\{q_i^*\}$ 及最优决策序列 $\{m_i^*\}$,$i = 1,2,\cdots,N$。

第二步,将第一步的优化结果 $\{q_i^*\}$ 固定下来,在给定的初始条件下,寻求田间利用水量 h_i 的优化值。将第二状态变量 h_i 离散成 NT_1 个水平,其递推方程为

$$f_i^*(S_i) = \max_{ET_{mi}}\{R_i(S_i,m_i) \cdot f_{i+1}^*(S_{i+1})\} \quad (i = 1,2,\cdots,N-1) \tag{4-40}$$

式中:$R_i(S_i,m_i)$ 为在状态 S_i 下,作决策 m_i 时所得本阶段效益。

$$R_i(S_i,m_i) = \left(\frac{ET_a}{ET_m}\right)_i^{\lambda_i} \quad (i = 1,2,\cdots,N-1) \tag{4-41}$$

$f_{i+1}^{*}(S_{i+1})$ 为余留阶段的最大效益。

$$f_{N}^{*}(h_{N}) = \left(\frac{ET_{a}}{ET_{m}}\right)_{N}^{\lambda_{N}} \quad (i = N) \tag{4-42}$$

经优化计算,可得最优的状态序列 $\{h_{i}^{*}\}$ 和决策序列 $\{m_{i}^{*}\}$, $i=1,2,\cdots,N$ 。

　　第三步,比较第一步和第二步的优化结果,如果第二步优化结果 $\{h_{i}^{*}\}$ 与第一步的虚拟轨迹 $\{h_{i}^{*}\}$ 不同,则应以 $\{h_{i}^{*}\}$ 为初始试验轨迹,重复以上的优化过程,直到对两个状态变量进行最优化计算都得到相同的目标函数值(在拟定的精度范围内)和相同的决策序列及状态序列时为止。

　　对于旱作物,只需将初始田面水深 h_{i} 改为初始土壤含水量 S_{i} 即可。

4.4　基于现代优化技术的作物灌溉制度优化设计

4.4.1　传统灌溉方法分析

　　节水灌溉条件下灌溉制度优化设计,是指如何在整个灌溉季节,将有限的灌溉水量在时空上进行合理的分配,使全灌区总的灌溉净增产值最大或减产量最小。其内容一般包括节水灌溉条件下农作物的最优灌溉制度、农作物间灌溉水量最优分配以及地区间灌溉水量最优分配等。典型年灌溉制度优化设计是在确定的来水条件下对灌溉水量进行时空上的优化配置。

　　作物灌溉制度优化设计的传统方法采用动态规划逐次渐近法,这种方法的计算精度与状态变量的离散份数有着密切关系,随着离散份数的增加,计算精度越高,但计算的速度明显下降。另外,这种方法不能保证在任意初始解的条件下均能收敛到全局最优解,在不同初始解的情况下,计算收敛的结果不同。并且,这种方法会随着问题维数的增加运算性能急剧下降,出现"维数灾"。对于作物间以及子区间的水量优化配置,常采用大系统分解原理结合动态规划逐次渐近法进行计算。这种方法通过分层计算降低了每层优化变量的个数,但每层的计算需要进行多次下一层的优化计算。在计算机中,这是一种以时间换取空间的方法。当每层的状态变量离散等份较多时,整个大系统分解协调的计算量将变得十分巨大。另外,由于动态规划逐次渐近法对初始解的敏感,可能造成供水量较大计算得出的效益反而小的不合理情况。笔者曾经采用分区试算法进行处理,即将初始解的范围离散成若干区间,分别在各个区间选择初始值,选择最优的结果。这样做能使结果较稳定,但很明显加大了计算量。

　　随着现代优化技术的日益成熟,有些学者开始研究进化算法在灌溉制度优化设计中的应用。付强等将投影寻踪分类模型应用在水稻灌溉制度优化设计中,并使用实码加速遗传算法求解水稻的灌溉制度优化模型。宋朝红、崔远来等使用混合遗传算法求解水稻的最优灌溉制度。遗传算法虽然应用广泛,但也存在许多不足。例如,计算的结果受选择、变异概率的影响很大,计算结果精度并不令人十分满意,尤其在等式约束条件下,往往使用罚函数法进行求解,所得的结果只能近似满足等式约束,且常常不尽人意。另外,从目前研究来看,研究停留在作物灌溉制度优化设计上,对于作物间、子区间的优化配水问题研究不多。本书针对上述问题,将混沌优化算法引入到作物灌溉制度优化设计中,探讨这种优化方法的效果;根据灌溉制度优化问题的特点,首次提出超平面实码遗传算法,并将其应用于作物生育期、作物间以及子区间的优化配水问题中。

4.4.2　基于现代优化方法的作物灌溉制度优化设计

4.4.2.1　作物最优灌溉制度的静态数学模型

利用动态规划求解作物最优灌溉制度需要建立动态模型,而利用进化算法求解计算则需要建立静态模型。

对于旱作物,目标函数采用 Jensen 公式,即

$$F = \max\left(\frac{Y_a}{Y_m}\right) = \max \prod_{i=1}^{N} \left(\frac{ET_a}{ET_m}\right)_i^{\lambda_i} \tag{4-43}$$

式中:Y_a 为作物的实际产量,kg/hm²;Y_m 为作物的最大产量,kg/hm²;$(ET_a)_i$ 为作物第 i 个生育阶段的实际腾发量,mm;$(ET_m)_i$ 为作物第 i 个生育阶段的潜在腾发量,mm;λ_i 为作物第 i 个生育阶段的敏感系数;N 为作物生育阶段数。

约束条件如下:

$$\sum_{i=1}^{N} m_i = Q \quad (m_i \geqslant 0) \tag{4-44}$$

式中:m_i 为作物第 i 个阶段单位面积上的灌水量,mm;Q 为全生长期单位面积上可供分配的水量,mm。

$$(ET_{\min})_i \leqslant (ET_a)_i \leqslant (ET_{\max})_i \quad (i = 1,2\cdots,N) \tag{4-45}$$

$(ET_{\min})_i$ 和 $(ET_{\max})_i$ 分别为作物第 i 个阶段最小和最大腾发量,mm。

$$0 \leqslant S_i \leqslant S_{\max} \tag{4-46}$$

式中:S_i 为作物第 i 个阶段初土壤中可供利用的水量,mm;$S_{\max}$ 为作物土壤中可供利用的水量最大值,mm。

$$S_{i+1} = S_i + m_i + P_i + CK_i - (ET_a)_i \tag{4-47}$$

式中:P_i 为第 i 个阶段有效降水量,mm;CK_i 为第 i 个阶段的地下水补给量,mm。

对于旱地而言,有效降水量是指降水后存留在根系层内能被作物吸收利用的入渗水量。根系层以下的深层渗漏及地表径流均为无效降水量,可以采用降水入渗系数对实际降水量进行折减而得到有效降水。降水入渗系数 α 值与一次降水量、降水强度、降水延续时间、土壤性质、地面覆盖及地形等因素有关。一般认为一次降水量小于 5 mm,α 为 0;当一次降水量在 5~50 mm 时,α 为 1.0~0.8;当一次降水量大于 50 mm 时,α 为 0.7~0.8。对于有条件的地区可以根据灌溉试验站的观测资料建立有效降水量与实际降水量的函数关系。

可供利用的水量可按下式计算:

$$S_1 = 1\,000\gamma H(\theta_1 - \theta_w) \tag{4-48}$$

$$S_{\max} = 1\,000\gamma H(\theta_f - \theta_w) \tag{4-49}$$

式中:γ 为土壤干容重,t/m³;H 为计划湿润层深度,m;θ_1 为第 1 阶段初计划湿润层内土壤平均含水率,以占干土重的百分数计;θ_f、θ_w 为土壤含水率的上、下限,以占干土重的百分

数计。

对于水稻,一般是从土壤含水率占饱和含水率的80%至田面有约20 mm深的水层。降水后为增加雨水利用量,一般采取深蓄措施,其允许回蓄深度上限与一般常规灌溉相同。一次降水不超过田面允许水深上限的降水量均为有效降水量,超过部分为排水量。因此,需将S_i换为阶段初田面蓄水深度h_i。稻田处于非饱和状态时,h_i也是土壤含水率的函数,可由根系层平均土壤含水率与饱和含水率之差折算成相应水深,定义饱和状态水深为零,则此时水深h_i为负数,即

$$h_i = 1\,000\gamma H(\theta - \theta_s) \tag{4-50}$$

式中:θ_s为土壤饱和含水率,以占干土重的百分数计。

$$(H_{max})_i \leq h_i \leq (H_{max})_i \tag{4-51}$$

式中:$(H_{max})_i$、$(H_{min})_i$为第i个阶段田面水深的上、下限,mm。$(H_{max})_i$的值可根据实际灌溉经验确定,$(H_{min})_i$则根据根系层土壤平均含水率的下限值及根系层的深度确定,一般为负值。

$$h_{i+1} = h_i + P_i + m_i - (ET_a)_i - C_i - K_i \tag{4-52}$$

式中:C_i为第i个阶段的排水量,mm;K_i为第i个阶段的渗漏量,mm。一般可以采用经验的方法给出水稻的平均日渗漏量,也可按照以下方法计算K_i:

$$K_i = \overline{K}_i \cdot d_i + \sum_{j=1}^{D_i-d_i} \left[1\,000 \cdot K_0 / (1 + K_0 \cdot a \cdot t_j/H) \right] \tag{4-53}$$

式中:$\overline{K}_i$为正常供水情况下稻田日平均渗漏量,mm;D_i为第i个生育阶段总天数;K_0为饱和水力传导度,m/d;a为经验常数,一般为50~250;t_j为土壤含水率从饱和状态到第j天水平所经历的天数;H为水稻主要根层深度,m;d_i为第i个阶段稻田有水层的天数,可按下式计算:

$$d_i = (h_i + m_i + P_i) / (\overline{ET}_i + \overline{K}_i) \tag{4-54}$$

式中:$\overline{ET}_i$为正常供水情况下稻田日平均腾发量,mm。

$$h_1 = h_0 \tag{4-55}$$

式中:h_0为插秧后稻田保持的水深,一般取20 mm。

本书建立的模型将作物各生育阶段的分配水量以及实际腾发量均看做决策变量,这是目前最常见的一种处理方法。这样处理是因为实际腾发量是土壤含水量、作物及气象条件的函数,该函数十分复杂,难以预先确定,将其作为决策变量处理,是一种近似的方法。这种情况下求出的结果是理想情况下达到的最优结果,往往比真实的情况偏大。目前,也有学者将实际腾发量建立成灌水量的函数进行计算,这样既简化了模型变量,又符合常识,但这种方法计算出的实际腾发量精度如何有待深入探讨。本书主要探讨进化算法在灌溉制度优化设计中的效果,因此仍将实际腾发量作为决策变量看待。建立的模型是非线性优化问题,可采用下述方法进行求解。

4.4.2.2　混沌优化算法的思路

混沌是非线性系统所独有且广泛存在的一种非周期的运动形式,表现出介于规则和随机之间的一种行为,其现象几乎覆盖了自然科学和社会科学的每一个分支。其具有精

致的内在结构,能把系统的运动吸引并束缚在特定的范围内,按其"自身规律"不重复地遍历所有状态,因此利用混沌变量进行优化搜索无疑能跳出局部最优的羁绊,取得满意的结果。

混沌现象是指由确定方程所描述的系统中的随机现象,有时也称为确定性随机现象,不是杂乱无章、错综复杂的混乱,而是具有精致内在结构的一类现象。混沌性规律的特征有:解对初始值的高度敏感性;相空间的遍历性;系统的内在随机性。混沌的迭代不重复性和遍历性确定其快速寻优可能性。

非线性规划处理的问题是在等式或不等式约束下的某个目标函数,求出最优解。一般表示为:

$$\left.\begin{aligned}\min f(X)\\\text{s. t. } g_i(X) \geq 0, i = 1,2,\cdots,m\\h_j(X) = 0, j = 1,2,\cdots,l\end{aligned}\right\} \tag{4-56}$$

其中 $X \in E^n$,$f(X)$ 为目标函数,$g_i(X)$、$h_j(X)$ 为约束函数,这些函数中至少有一个为非线性函数。约束条件有时用集合形式表示,令 $S = \{X \mid g_i(X) \geq 0, i = 1,2,\cdots,m, h_j(X) = 0, j = 1,2,\cdots,l\}$,称 S 为可行集或可行域,S 中的点称为可行点。

Logistic 模型是混沌研究中的最典型模型之一,其方程为:

$$x_{k+1} = \lambda \times x_k \times (1 - x_k), x_k \in [0,1] \tag{4-57}$$

其中,λ 为控制参数,取值在 $0 \sim 4$ 之间,Logistic 的映射是 $[0,1]$ 上的不可逆映射。当 λ 取值 4.0 时,系统处于混沌状态,任意取初始点,可以得到 $[0,1]$ 上的遍历的点列。用 Logistic 方程来生成混沌序列,此序列也叫混沌变量,将其转化成在优化问题解空间中作混沌遍历的变量,通过搜索寻优寻找问题的最优解。

本书解决式(4-56)的思想是对目标函数不做变动,考虑 Logistic 方程生成的混沌序列,将其放大到包含可行域 S 的一个区域,从中搜索属于 S 的点,然后通过比较、迭代最终求出问题的最优解。

4.4.2.3　混沌优化算法的求解步骤

设方程(4-56)中 X 的维数为 M,$X = [x_1, x_2, \cdots, x_M]'$,$x_i \in [d_i, e_i]$。混沌优化方法求解该问题的基本步骤如下:

步骤 1:算法初始化。置 $k = 1$,随机生成 M 个初值 $x_{i,k}$,令

$$x'_{i,k} = d_i + (e_i - d_i) \cdot x_{i,k} \tag{4-58}$$

当其构成的向量 $X'_k \in S$ 时,令 $X^* = X'_k$,$f^* = f(X^*)$,否则重复步骤 1 直到获得满足条件的 X_k。

步骤 2:置最大迭代步数 N;将 N 带入式(4-57)迭代生成混沌向量序列 $\{X_k\}_{k=2,3,\cdots,N}$,将混沌序列按照式(4-58)进行载波,对得到的 X'_k 进行可行性检验,如果通过检验,$f(X'_k) < f(X^*)$,那么 $X^* = X^1_k$,$f(X^*) = f(X'_k)$,否则令 $k = k + 1$,对 X'_{k+1} 进行检验,重复步骤 2 直到 $f(X^*)$ 的值只有微小变化或者满足最大迭代次数。

步骤 3:设定循环次数:按照 $Z_{k+1} = Z_k + \alpha \cdot Z'_{k+1}$ 进行二次载波,令 $Z_k = X^*$,Z'_{k+1} 为由

Logistic 映射生成的混沌序列。令 $\alpha = 0.000\ 1 \times (e' - d')$，此问题可以根据具体问题进行设定。对 Z_{k+1} 进行检验，如果通过检验，$f(Z_{k+1}) < f(Z_k)$，那么 $Z_k = Z_{k+1}$，$f(Z_k) = f(Z_{k+1})$，否则令 $k = k + 1$，重复步骤 3 直到 $f(Z_k)$ 的值满足精度要求，或者满足最大迭代次数。最终的 Z_k 即为所求解，$f(Z_k)$ 为最优值。

4.4.2.4　超平面实码遗传算法

1）实码遗传算法求解等式约束问题

传统实码遗传算法求解等式约束的优化问题时，由于可行域限制在一个超平面内，空间内的点恰好落于某平面内的概率为 0，所以不能采用舍选方法（在包含超平面的空间内随机生成一组解，并逐一判断出可行解）得到可行解。因此，常采用罚函数法求解等式约束的优化问题。设原问题的数学表达式如下：

$$\left.\begin{array}{l} \max f(x_1, x_2, \cdots, x_n) \\ \text{s.t.} \sum_{i=1}^{n} x_i = k \quad k \geqslant 0 \\ x_i \geqslant 0 \quad i = 1, 2, \cdots, n \end{array}\right\} \tag{4-59}$$

式中：$f(x_1, x_2, \cdots, x_n)$ 为 n 元函数；x_i 为第 i 个自变量；k 为实常数。使用罚函数法将问题转化为下式：

$$\left.\begin{array}{l} \max g(x_1, x_2, \cdots, x_n) = f(x_1, x_2, \cdots, x_n) - M \left| \sum_{i=1}^{n} x_i - k \right| \\ \text{s.t.} \ 0 \leqslant x_i \leqslant k \quad i = 1, 2, \cdots, n \end{array}\right\} \tag{4-60}$$

式中：$g(x_1, x_2, \cdots, x_n)$ 为转化后的函数；M 为很大正实数。然后利用实码遗传算法的计算步骤进行求解。

研究表明，该方法虽然简单，但存在早熟、结果精度低等缺点，并且得出的解只能近似地满足等式约束，因此本书提出超平面实码遗传算法来解决这些问题。

2）超平面实码遗传算法的求解步骤

所谓超平面实码遗传算法是根据等式约束的特点，将空间内寻优转化为超平面内寻优的一种改进实码遗传算法。其计算步骤如下：

步骤 1：产生满足等式约束的初始群体。针对式（4-59）所描述的优化问题，利用下式生成种群规模为 N 的初始群体 $V_i = (x_{i1}, x_{i2}, \cdots, x_{in})$，$i = 1, 2, \cdots, N$。

$$\left\{\begin{array}{l} x_{i1} = k \cdot u \\ x_{ij} = \left(k - \sum_{m=1}^{j-1} x_{im}\right) \cdot u \quad j = 2, 3, \cdots, n-1 \\ x_{in} = k - \sum_{j=1}^{n-1} x_{ij} \end{array}\right. \tag{4-61}$$

式中：u 为区间 $[0, 1]$ 上的随机数；V_i 为初始群体中第 i 个染色体。

步骤 2：计算目标函数值。其步骤与传统标准实码遗传算法相同。

步骤 3：选择操作。其步骤与传统标准实码遗传算法相同。

步骤 4：交叉操作。其步骤与传统标准实码遗传算法相同，操作公式如下。

$$\begin{cases} X = c \cdot V'_1 + (1-c) \cdot V'_2 \\ Y = (1-c) \cdot V'_1 + c \cdot V'_2 \end{cases} \tag{4-62}$$

式中：V'_1、V'_2 为被选中用以进行交叉操作的父代染色体；X、Y 为产生的新染色体；c 为 $[0,1]$ 中的随机数。

步骤 5：变异操作。定义参数 P_m 作为遗传系统中的变异概率，这个概率表明种群中有期望值为 $P_m \cdot N$ 个染色体来进行变异操作。由 $i=1$ 到 N 重复下列过程：从 $[0,1]$ 中产生随机数 u，如果 $u < P_m$，则选择 V_i 作为变异的父代。用 $V'_1, V'_2, V'_3, \cdots$ 表示上面选择的父代，以 $V'_1 = (x'_{11}, x'_{12}, \cdots, x'_{1n})$ 为例解释如何进行变异操作。按步骤 1 随机生成一个超平面内的染色体 $X = (x_1, x_2, \cdots, x_n)$，并给定一个正实数 R，产生新的后代 Y

$$Y = V'_1 + \frac{R'}{\|X - V'_1\|}(X - V'_1) \tag{4-63}$$

$$\|X - V'_1\| = \sqrt{\sum_{i=1}^{n}(x_i - x'_{1i})^2} \tag{4-64}$$

$$R' = \begin{cases} R & R \leqslant \|X - V'_1\| \\ \|X - V'_1\| \cdot u & R > \|X - V'_1\| \end{cases} \tag{4-65}$$

式中：u 为区间 $[0,1]$ 上的随机数；$\|X - V'_1\|$ 为向量 $X - V'_1$ 的模。

步骤 6：把最好的染色体保留下来记为 V_0，重复上述步骤多次，每次如果在新的种群中发现了更好的染色体，则用它代替原来的染色体 V_0。进化完成后这个染色体可以看做是优化问题的解。

上述 6 个步骤构成了超平面实码遗传算法。

3）超平面实码遗传算法特性分析

超平面实码遗传算法在超平面内生成初始群体，直接满足等式约束，而传统实码遗传算法是在一个包含超平面的空间内生成初始群体，各染色体不满足等式约束。

对于染色体的评价和选择操作，两种算法运用的方法是相同的。

对于染色体的交叉操作，两种算法虽然交叉操作公式相同，但超平面实码遗传算法生成的新染色体一定满足约束条件。证明如下：

设参加交叉操作的两个父代染色体 $V'_1 = (x'_{11}, x'_{12}, \cdots, x'_{1n})$，$V'_2 = (x'_{21}, x'_{22}, \cdots, x'_{2n})$，按式（4-62）进行交叉生成新染色体 $X = (x_1, x_2, \cdots, x_n)$，$Y = (y_1, y_2, \cdots, y_n)$，则：

$$\begin{cases} x_i = cx'_{1i} - cx'_{2i} + x'_{2i} \\ y_i = cx'_{2i} - cx'_{1i} + x'_{1i} \end{cases} (i = 1,2,\cdots,n) \tag{4-66}$$

$$\begin{cases} \sum_{i=1}^{n} x_i = c\left(\sum_{i=1}^{n} x'_{1i} - \sum_{i=1}^{n} x'_{2i}\right) + \sum_{i=1}^{n} x'_{2i} = c(k-k) + k = k \\ \sum_{i=1}^{n} y_i = c\left(\sum_{i=1}^{n} x'_{2i} - \sum_{i=1}^{n} x'_{1i}\right) + \sum_{i=1}^{n} x'_{1i} = c(k-k) + k = k \end{cases} \tag{4-67}$$

且易知 $x_i \geqslant 0, y_i \geqslant 0$，因此满足式（4-59）条件。

对于染色体的变异操作，超平面实码遗传算法生成的新染色体也一定满足约束条件。证明如下：

设发生变异操作的父代染色体 $V'_1 = (x'_{11}, x'_{12}, \cdots, x'_{1n})$ 按式（4-63）~式（4-67）变异生

成新的染色体 $Y = (y_1, y_2, \cdots, y_n)$，在超平面随机生成的染色体为 $X = (x_1, x_2, \cdots, x_n)$，则：

$$y_i = \frac{R'}{\| X - V'_1 \|} x_i - \frac{R'}{\| X - V'_1 \|} x'_{1i} + x'_{1i} \qquad (i = 1, 2, \cdots, n) \qquad (4\text{-}68)$$

$$\sum_{i=1}^{n} y_i = \frac{R'}{\| X - V'_1 \|} \left(\sum_{i=1}^{n} x_i - \sum_{i=1}^{n} x'_{1i} \right) + \sum_{i=1}^{n} x'_{1i} = k \qquad (4\text{-}69)$$

由式(4-65)知 $R' \leqslant \| X - V'_1 \|$，因此易知 $y_i \geqslant 0$，满足式(4-59)条件。

等式约束方程表示的几何意义是空间内的超平面，因此优化问题的可行域限制在某个平面内。超平面遗传算法就是根据这一特点，在超平面内进行选择、交叉和变异遗传操作。这样不仅大大缩小了寻优的范围，提高了计算的精度，而且保证计算结果严格满足等式约束条件。如图 4-1 所示，设等式约束为 $x + y + z = k, x \geqslant 0, y \geqslant 0, z \geqslant 0, k \geqslant 0$，则平面 ABC 为寻优区域，超平面遗传算法的所有操作均在此平面内进行，而传统遗传算法则是在立方体中进行各种操作，即在约束 $0 \leqslant x \leqslant k, 0 \leqslant y \leqslant k, 0 \leqslant z \leqslant k$ 限制下进行运算，然后逐渐向平面 ABC 接近。

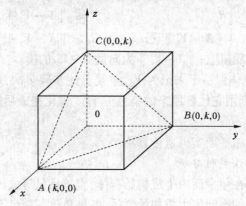

图 4-1　超平面实码遗传算法寻优区域

4.5　作物间的优化配水

因为灌区内不可能只种植一种作物，因此必然存在多种作物间水量的最优分配问题。假定作物的种植面积已定，要作灌溉水量的最优分配方案，使之产生的经济效益最大，这就是作物间配水。在灌区总灌溉水量不足的条件下，应将有限的水量最优地分配给不同的作物。各种作物在获取一定灌溉水量后，又将它在不同生育阶段进行合理分配，从而确定水源的最优配水过程，以使灌区总效益最大。其数学模型如下。

由于灌水与其所产生的效益之间的非线性关系较为复杂，有时甚至只能用离散的表格形式来表示效益函数，因此本次研究用动态规划模型求解。引入"时间"因素，每种作物为一个用水单位，看做一个阶段，把同时对多种作物进行水量最优分配问题，包括各作物灌溉期相互重叠及不重叠情况，看做分阶段依次对各种作物进行水量分配问题。

(1)阶段变量。以每种作物为一个阶段，设有 M 种作物，则阶段变量 $k = 1, 2, \cdots, M$。

(2)状态变量。状态变量为每个阶段(每种作物)可用于分配的总水量 V_k(毛水量)。

（3）决策变量。决策变量为分配给每种作物的净灌溉水量 Q_k。

（4）系统方程。即作物之间水量分配平衡方程

$$V_{k+1} = V_k - Q_k/\eta \tag{4-70}$$

式中：V_k，V_{k+1} 分别为第 k、$k+1$ 种作物可用于分配的总水量，m^3；Q_k 为分配给第 k 种作物的净灌溉水量，m^3；η 为灌溉水有效利用系数。

（5）目标函数。以各种作物净效益之和 G 最大为目标，即

$$G^* = \max\left\{ \sum_{k=1}^{M} F(Q_k) \cdot A_k \cdot YM_k \cdot PR_k \right\} \tag{4-71}$$

式中：A_k 为第 k 种作物的种植面积，万 hm^2；YM_k 为第 k 种作物的丰产产量，kg/hm^2；PR_k 为第 k 种作物的单价，元/kg；$F(Q_k)$ 为由作物最优灌溉制度模型返回的第 k 种作物在分配净灌溉水量 Q_k 时的最大相对产量；G 为各种作物净灌溉效益之和，万元。

（6）约束条件

$$0 < Q_k/\eta \leqslant V_k \tag{4-72}$$
$$0 \leqslant V_k \leqslant V_0 \tag{4-73}$$
$$0 \leqslant \sum Q_k/\eta \leqslant V_0 \tag{4-74}$$

式中：V_0 为灌区总的可供水量，m^3。

（7）初始条件

$$V_1 = V_0 \tag{4-75}$$

（8）递推方程。采用逆序递推，顺序决策计算，递推方程为

$$G_k^*(V_k) = \max_{Q_k}\left\{ R(V_k, Q_k) + G_{k+1}^*(V_{k+1}) \right\} \quad (k = 1, 2, \cdots, M-1) \tag{4-76}$$

式中：$R(V_k, Q_k)$ 为在状态 V_k 下，作决策 Q_k 时所得本阶段效益。

$$R(V_k, Q_k) = F(Q_k) \cdot A_k \cdot YM_k \cdot PR_k \quad (k = 1, 2, \cdots, M-1) \tag{4-77}$$

$G_{k+1}^*(V_{k+1})$ 为余留阶段的最大效益。

$$G_M^*(V_M) = \max_{Q_M}\left\{ F(Q_M) \cdot A_M \cdot YM_M \cdot PR_M \right\} \quad (k = M) \tag{4-78}$$

4.6　灌区中长期最优运行调度

4.6.1　灌区分区原则研究

对灌区节水灌溉进行分区研究，可以针对不同的类型，采取行之有效的节水途径和措施，对区域节水灌溉规划的制定和实施有着极其重要的意义。尤其是在进行灌区水资源优化配置时，根据一些必要的原则建立合理的分区是水资源合理配置的前提和基础。但是，目前很多学者经常忽视这一重要前提，想当然地任意划分区域，使得优化结果失去实践意义。因此，本书认为有必要针对影响灌溉分区的众多因素，建立合理可行的分区原则，为灌区的实时配水提供必要的实践保证。

根据影响灌溉分区的气候、地形、地貌、土壤、植被、地质等自然地理条件，水资源条件和利用水平，农业自然条件，作物布局，距离引水闸口的距离，经济发展水平和照顾行政界

限、流域边界等固有分区等因素,得出总的分区原则为:"归纳相似性,区别差异性,照顾行政区界",总结出以下 6 项基本原则:

(1)气候、地形、地貌、土壤、植被、地质等自然地理条件的基本一致性原则。由于大型灌区面积广,区内的气候、地形、地貌、土壤、植被和地质的自然地理条件就会有很大的差别,而这些因素又是影响作物需水量的主要因素,因此这一原则首当其冲。

(2)水资源条件的相似性原则。对于大型和超大型灌区,由于其范围广,往往涉及几个行政县,甚至是跨省,所以多年平均降水量的地区分布很不均匀。

(3)农业自然条件和作物布局基本一致性原则。这里所说的农业自然条件主要是指区域内水、土、气、热等与农业生产密切相关的自然条件;作物布局主要是指农作物种植的品种、类别、熟制、复种等农作物生长的基本特征。

(4)引水距离的相似性原则。它主要反映灌区投资和灌溉水有效利用系数等,该项指标直接取总干渠、干渠、支渠等渠道的平均长度之和作为计算依据。

(5)经济发展水平大致相似性原则。经济发展水平是制约区域节水灌溉发展的一个重要因子。因为节水灌溉不仅需要大量的人力、物力和财力的投入,而且就目前状况而言,在黄河流域经济欠发达的地区,灌溉用水定额明显高于经济较发达的地区,水分利用效率也就明显低于经济较发达的地区。因此,经济发展水平可以作为灌溉节水分区的指标之一。

(6)照顾行政界限、流域边界以及固有渠系所控制的灌溉面积等固有分区原则。这个原则是各种区划与分区的通用原则,其主要目的是分区的结果尽可能与各种自然和行政界限吻合,便于运行和管理。

4.6.2　灌区中长期最优调度方法

灌区中长期最优调度是在中长期预测预报的基础上,结合以上各种调度方法,采用大系统分解协调配水模式,对整个灌区多水源(大气降水、地下水和客水)、多区域、多用户、多作物及其不同生长期进行联合调度,并使灌区有限的水资源量发挥最大的经济、社会效益和环境效益。

4.6.2.1　灌区大系统层数的确定

因为灌区水资源的配置涉及时间和空间的统一调配,它包括灌区不同分区的配水、每个子区不同种作物间的配水和作物生长期内的配水,因此本书采用的大系统分解协调模型包括三个层次,即全区协调平衡层、作物协调层和单一作物灌溉制度优化层。灌区三层大系统优化配水模型如图 4-2 所示。

4.6.2.2　各层模型的建立及求解

全区协调层的数学模型由目标函数和约束条件组成。

(1)目标函数:以全区经济效益最大为目标,可写成

$$F = \max\{F_1(Q_1) + \cdots + F_i(Q_i) + \cdots + F_N(Q_N)\} \tag{4-79}$$

式中:Q_i 为分配给第 i 个子区的灌溉水量,m^3;$F_i(Q_i)$ 第 i 个子区在灌溉配水量 Q_i 下的最大效益,万元。

(2)约束条件:

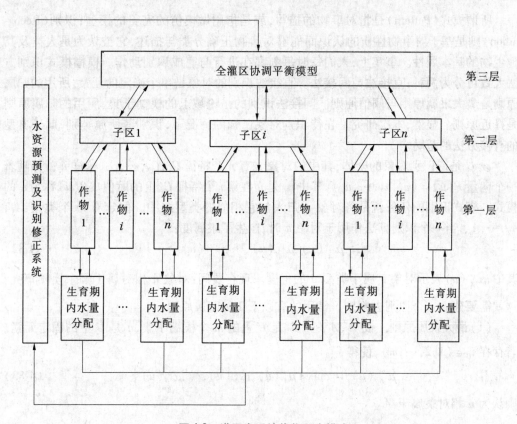

图 4-2 灌区大系统优化配水模式

$$Q_1 + \cdots + Q_i + \cdots + Q_N = Q \qquad (4\text{-}80)$$

$$0 \leqslant Q_i \leqslant Q \qquad (4\text{-}81)$$

式中:Q 为研究地区总的可供水量,m^3。

第一层以每一种作物作为一个子系统,建立二维动态规划模型,在第二层给定的供水水平下,计算各种农作物的最优灌溉制度,并将效益反馈到第二层;第二层以一个子区为一个系统,在第三层给定的协调变量(配水量 Q_i)约束下,分别进行各自的优化,即将每个子区分得的有效水量在 n 种作物之间进行最优分配,以获取各子区的最大净效益,并将其反馈到第三层;第三层为全灌区协调层,根据各子区反馈的净效益,按照总体最优的原则,协调各子区的分配水量。这种三层大系统的优化过程,需要反复进行若干次才能得到一个使总体达到最优的各子区水量调配方案、各子区内的作物最优种植比例以及每一种作物总的最优配水量和最优灌溉制度,据此可以确定灌区水资源的中长期最优配水方案。

4.6.2.3 模糊识别及修正系统

由于任何一种中长期预测都难以达到理想的预测精度,本书所采用的方法也不例外。怎样使预测出现比较大的误差时,及时进行状态调整和修正是调度结果优劣的关键所在。为此,本次研究采用模糊识别技术对模糊聚类的 7 个关键指标进行识别,及时调整预测状态,重新优化调度水资源,使整个调度期达到最优,并削弱了因预报误差引起的决策失误。其具体方法如下:

　　所谓模式(Pattern)是指对事物的描写,或是指用做模仿的完美的模型;识别(Recognition)则是基于对事物性质的认识而能够对事物正确分类与描述,它被认为是人类及其他生物的基本属性。事实上,人们每时每刻都在进行与完成识别动作。模糊模式识别方法大致可分为两种:直接法与间接法。直接法识别的对象是单个确定的元素,所用的归属原则是最大隶属原则与阈值原则。间接法识别的是论域上的模糊子集,所用的归属原则是择近原则。显然,本次研究是在待识别对象已知的情况下,识别其所属类别,属于典型的直接方法的范畴。

　　设 U 是待识别对象的全体,其中的对象 u 有 n 个特征 $C_1, C_2, \cdots, C_n$,这样 u 就伴随着一个向量 $P(u) = (u_1, u_2, \cdots, u_n)$,其中 u_i 是 u 在第 i 个特征 C_i 上的赋值。$P(u)$ 称为 u 的模式。模式识别的任务就是将对象 u 归入与它相似的类型之中。假定有 m 个类型:A_1, $A_2, \cdots, A_m$,当一个识别算法作用于对象 u 时,产生了隶属度:

$$\mu_{\underset{\sim}{A}_1}(u), \mu_{\underset{\sim}{A}_2}(u), \cdots, u_{\underset{\sim}{A}_m}(u) \tag{4-82}$$

其中,$\mu_{\underset{\sim}{A}_1}(u)$ 表示对象 u 属于类型 A 的程度。现在要问:对象 u 相对属于哪个模糊集呢?这就需要建立一个原则去判别。常用的有以下 2 种归属原则:

　　(1)最大隶属原则。设 $\underset{\sim}{A}_1, \underset{\sim}{A}_2, \cdots, \underset{\sim}{A}_m$ 是 U 上的 m 个模糊子集,u 是 U 中的固定元素。若存在 $i_0 \in (1, 2, \cdots, m)$,使得

$$\mu_{\underset{\sim}{A}_{i_0}}(u) = \max \left\{ \mu_{\underset{\sim}{A}_1}(u), \mu_{\underset{\sim}{A}_2}(u), \cdots, \mu_{\underset{\sim}{A}_m}(u) \right\} \tag{4-83}$$

则认为 u 相对隶属于 $\underset{\sim}{A}_{i_0}$。

　　(2)阈值原则。规定一个阈值 $\lambda \in [0, 1]$,记

$$a = \max \left\{ \mu_{\underset{\sim}{A}_1}(u), \mu_{\underset{\sim}{A}_2}(u), \cdots, \mu_{\underset{\sim}{A}_m}(u) \right\} \tag{4-84}$$

　　若 $a < \lambda$,则作"拒识"判决。查找原因另作分析。

　　若 $a \geq \lambda$,则认为识别可行。

　　本书将这两个原则结合起来使用,即先检验是否满足阈值原则,满足之后再根据最大隶属原则进行识别,否则按原状态运行。

　　模糊模式识别步骤:

　　步骤 1:先按照前面章节所述马氏预测方法预测一个初始状态;

　　步骤 2:在调度过程中逐步识别所预测的状态,如果发现有状态改变则按照新状态进行调度。

4.7　相应部分计算

　　笔者认为中长期水资源优化调度的目的就是怎样合理地把全年的可调配水量分配到各生育期,并且为短期调度提供决策依据。按照第 3 章所述方法建立如图 4-3 所示的大系统分解协调模型。

　　按照本书所述的典型年的计算方法,分别对 5 种典型年做中长期优化调度,其调度结果如表 4-1 ~ 表 4-6 所示。

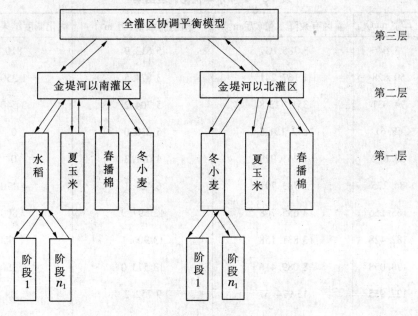

图 4-3　渠村灌区中长期调度协调模型

表 4-1　各种年型可调配水量

年型	地下水可开采量(万 m³)	地下水利用系数	黄河水可利用量(万 m³)	引黄水利用系数	可调度水量(万 m³)	有效降水量(mm)	农业总需水量(万 m³)	缺水量(万 m³)
丰	<23 100	0.8	12 000	0.54	35 100	704.6	20 727.29	0
偏丰	<23 100	0.8	15 000	0.54	<38 100	566.44	36 215.026	1 635.026
平	23 100	0.8	18 000	0.54	41 100	477.42	46 194.168	11 614.168
偏枯	<27 700	0.8	20 000	0.54	<47 700	380.6	57 047.69	22 467.69
枯	27 700	0.8	23 000	0.54	50 700	281.43	68 164.647	33 584.647

表 4-2　丰水年优化调度结果

月份	ET_0(mm)	灌区有效降水量(万 m³)	作物需水量(万 m³)	优化调度结果(万 m³)
10	73.646	1 483.5	5 613.9	2 430
11	50.828	2 798.4	3 874.5	660
12	74.831	582.9	5 704.2	3 840
1	68.61	1 431.1	5 230.0	0
2	53.672	2 081.3	4 091.3	0
3	84.275	3 728.4	6 424.1	4 530
4	165.266	8 103.3	12 597.9	5 340
5	182.428	9 344.7	13 906.1	6 840
6	178.058	6 812.3	13 573.0	6 570
7	127.935	18 382.5	9 752.2	0
8	116.875	21 985.8	8 909.1	0
9	131.313	5 888.2	10 009.7	4 650

表 4-3　偏丰水年优化调度结果

月份	ET_0(mm)	灌区有效降水量(万 m^3)	作物需水量(万 m^3)	优化调度结果(万 m^3)
10	73.646	3 785.057	5 613.9	810
11	50.828	1 167.241	3 874.5	1 350
12	74.831	351.713 8	5 704.2	3 540
1	68.61	842.151 3	5 230.0	0
2	53.672	1 263.928	4 091.3	0
3	84.275	1 783.791	6 424.1	4 170
4	165.266	3 685.708	12 597.9	7 800
5	182.428	3 831.158	13 906.1	10 650
6	178.058	8 089.416	13 573.0	4 350
7	127.935	15 974.67	9 752.2	0
8	116.875	15 104.07	8 909.1	0
9	131.313	8 191.287	10 009.7	2 190

表 4-4　平水年优化调度结果

月份	ET_0(mm)	灌区有效降水量(万 m^3)	作物需水量(万 m^3)	优化调度结果(万 m^3)
10	73.646	3 563.31	5 613.9	900
11	50.828	1 682.10	3 874.5	960
12	74.831	479.44	5 704.2	3 120
1	68.61	728.65	5 230.0	0
2	53.672	1 158.94	4 091.3	0
3	84.275	1 709.53	6 424.1	4 200
4	165.266	2 940.90	12 597.9	7 380
5	182.428	4 888.85	13 906.1	8 760
6	178.058	6 305.97	13 573.0	4 950
7	127.935	15 090.13	9 752.2	0
8	116.875	9 810.04	8 909.1	0
9	131.313	5 278.79	10 009.7	4 590

表 4-5　偏枯水年优化调度结果

月份	ET_0(mm)	灌区有效降水量(万 m³)	作物需水量(万 m³)	优化调度结果(万 m³)
10	73.646	3 873.73	5 613.9	660
11	50.828	2 190.43	3 874.5	630
12	74.831	868.78	5 704.2	2 820
1	68.61	78.47	5 230.0	0
2	53.672	170.39	4 091.3	0
3	84.275	1 514.47	6 424.1	4 110
4	165.266	1 877.68	12 597.9	7 320
5	182.428	4 138.28	13 906.1	9 120
6	178.058	3 932.47	13 573.0	5 940
7	127.935	10 408.15	9 752.2	0
8	116.875	9 756.40	8 909.1	0
9	131.313	4 092.32	10 009.7	4 260

表 4-6　枯水年优化调度结果

月份	ET_0(mm)	灌区有效降水量(万 m³)	作物需水量(万 m³)	优化调度结果(万 m³)
10	73.646	5 661.05	5 613.9	0
11	50.828	2 115.89	3 874.5	510
12	74.831	0.00	5 704.2	2 670
1	68.61	0.00	5 230.0	0
2	53.672	919.22	4 091.3	0
3	84.275	2 489.46	6 424.1	2 100
4	165.266	1 342.40	12 597.9	5 760
5	182.428	2 167.73	13 906.1	7 410
6	178.058	4 612.92	13 573.0	3 870
7	127.935	7 299.39	9 752.2	2 490
8	116.875	2 505.44	8 909.1	6 360
9	131.313	2 436.49	10 009.7	3 690

第5章　灌区水资源实时优化调度

灌区水资源调度就是按照某种要求,人为地调节水资源的时空分布,以达到获得最佳效益的目的。在水资源充足的情况下,灌区水资源的优化调度问题比较简单,只要按照作物丰产的需水要求进行灌溉即可。但这样往往造成水资源大量浪费,降低水资源的利用效益。在我国水资源日益紧缺的条件下,继续采用原有传统的充分灌溉已不现实。在灌溉水资源不足的情况下,如何提高水资源利用效率的问题受到人们普遍关注。

如何提高灌区管理水平和水资源的利用效率,是关系到我国农业是否能可持续发展的重大问题之一。灌区用水管理的核心是实行计划用水,而指导计划用水的依据是用水计划。但传统的用水计划是一种静态的用水计划,难以指导实际用水管理。实际的用水过程总是要随着当时的水文、气象、作物需水状况等的变化而变化的,因此只有动态用水计划才能更好地指导实际用水管理。

真实的灌区水资源调度过程是"预报、决策、实施、再预报、再决策、再实施"滚动向前的,且不断根据实际情况变化而调整的实时优化控制过程。本章正是基于这一背景,建立了基于中长期预报和实时预报的两层优化调度的耦合模型,并通过模拟模型和优化模型相结合的混合模型对渠村引黄灌区进行了算例分析。主要根据短期的来水和用水预报,进行水资源系统的科学调度,以确定短期的管理运行策略,并使其与中长期最优运行策略偏离最小。简单地说就是在中长期优化调度的约束下对面临时段进行短期优化调度就称为实时优化调度。它应该具备预测预报系统、信息采集与处理系统、决策系统、计算机辅助支持系统以及自动操作系统等条件。

灌区水资源实时调度管理决策支持系统就是通过现代化的计算机技术、"3S"技术、田间及水情自动监测技术等高科技手段,利用实时动态配水计划真正指导灌溉用水,达到"节水、高产、高效"的目的。它包括中长期来需水预报系统、中长期优化调度系统、灌溉实时预报系统、实时动态渠系配水系统、实时修正系统和田间水分动态模拟及监测系统等。

5.1　实时调度研究现状

实时调度在印度、巴基斯坦等一些国家的用水管理中已得到一定程度的应用。在以色列、日本、美国、澳大利亚及其他西方发达国家,均已采用先进的节水灌溉制度,由传统的充分灌溉向非充分灌溉发展。利用国际最先进的计算机技术和现代优化控制理论,对灌区用水实行动态管理,对不同类型的灌区,根据不同的目标进行实时自动控制,并进行多目标的优化,实现最优运行;灌区的节水率都在30%以上,充分发挥了灌区自动化系统的效益,有许多成功的先进经验值得我国借鉴和学习。

实时调度在国外已有几十年的发展历史,20世纪80年代末联合国粮农组织就向我国推荐了灌区动态用水技术,1989 年亚洲开发银行对中国的援助项目"改进灌区管理与费用回收"中,极力推荐应用现代技术改进灌区管理。但在我国实时调度却是近几年才开始得到重视。

在我国,实时调度多应用于水库调度中,农业水资源调度在理论方面已经取得了一定的成果,但应用的还很少,处于起步阶段,始于 20 世纪 90 年代后期。当时所谓的灌区实时调度,主要是把灌溉效益作为一个效益函数,实质上还是水库调度问题;而后主要是侧重于实时灌溉预报理论的研究。吴玉柏等以昭关灌区为背景,提出了水稻灌区实时预报优化调度的基本思想、逻辑程序和数学模型,并且建立了求解数学模型的线性逼近方法和网格搜索方法。李远华、贺前进等结合漳河灌溉用水微机管理的初步尝试,提出了进行实时灌溉预报和编制渠系动态用水计划的原理、方法及主要模型,从我国灌溉水管理体制及设备条件的现状出发,对实时信息的处理和工作步骤进行详细讨论。周振民研究了灌溉系统供水计算模型,将灌区内作物概化为水稻和旱作物两种,分别以水量平衡原理和土壤水分模拟理论为基础建立稻田和旱作物灌溉供水计算模型。茆智等提出了根据天气类型、作物绿叶覆盖率和土壤有效含水率 3 项因素进行作物需水量实时预报的方法与模型,介绍了具体的预报步骤与计算框图,改进了常规的预报方法,为实时预报提供了准确的依据。虽然,在农业水资源实时调度方面,已经取得了一定成就。但是这些模型不是侧重于中长期的优化调度,就是侧重于实时灌溉预报,还没有一个比较系统的模型从中长期预报、中长期调度、实时灌溉预报、实时优化调度和实时修正方面全面地对灌区水资源进行调度。理想的调度模型应该是一个"预报、决策、实施、修正、再预报、再决策、再实施和再修正"滚动决策的过程。本章正是基于这一背景,建立了基于中长期预报和实时预报的两层优化调度的耦合模型,并通过模拟模型和优化模型相结合的混合模型对渠村引黄灌区进行了算例分析。

5.2　实时灌溉预报

灌区水资源实时调度的基本思想是:根据随时变化的来水、需水、实际降水情况和天气预报信息,利用静态优化配水模型,按照经济效益最佳的原则,及时调整用水、配水计划;在保证作物需水量尽可能满足的前提下,充分利用降水和预报降水,合理分配可用水资源,促进节水节能、高产稳产,使灌区发挥最好的经济效益。本章以非充分灌溉静态优化配水模型为基础,建立了灌区水资源实时优化调度模型,并利用大系统分解协调原理,结合动态规划进行模型求解。非充分灌溉静态优化配水模型没有考虑实际来水变化,难以指导实际的水量调度,实际调度过程是一个预报—决策—实施—再预报—再决策—再实施滚动向前的过程,水资源实时调度就是建立在静态用水计划基础之上,随着来需水情况的变化,实时调整已有的调水计划,逐步优化逼近。本书中采用模糊聚类与识别进行未来来水过程预报,静态优化配水模型进行当前阶段决策,并考虑具体实施情况修正有关参数,循环求解(见图 5-1)。

因此,实时灌溉预报是以"实时"资料为基础,以各种最新的实测资料和最近的预测成果为依据,通过计算机模拟分析,逐次预测作物所需的灌水日期及灌水定额,为实时优

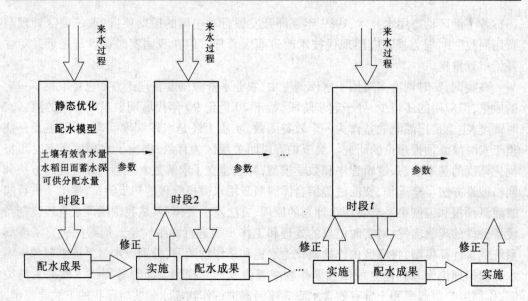

图 5-1　水资源实时调度模型

化配水提供实时数据资料。实时灌溉预报可靠、准确,动态用水计划才可能符合实际,才能发挥指导用水以取得节水、高产、高效益的效果。

实时灌溉预报的基础是作物需水量 ET 的实时预报,提出较可靠、准确又便于应用的 ET 实时预报方法,是实时灌溉预报的重点与难点内容。在水资源能够满足作物正常灌溉要求的条件下,获得 ET 实时预报资料后,根据降水、地下水补给量等因素的实时预报数据,通过农田水量平衡分析,即可进行灌水时间与定额的实时预报。当水资源不能满足正常灌溉条件时,需根据水源情况以及不同程度缺水对产量的影响,进行大量的优化分析,确定作物最优灌溉制度。

实时灌溉预报是制定动态灌溉用水计划的基础,对灌区节水,增加作物产量和提高经济效益起着重要作用。其重点与难点内容是作物需水量的实时预报。

5.2.1　作物需水量的实时预报

5.2.1.1　作物需水量的实时预报计算

在生产实践中,一方面是通过田间试验的方法直接测定作物需水量,另一方面常采用一些计算方法来间接地确定作物需水量。

间接计算作物需水量的公式大致可以分为三类:①经验公式,它是以试验资料为依据,用统计分析的方法,直接建立起来的公式。这种方法计算简便,实用性强,是过去分析计算作物需水量的主要方法。②以水汽扩散理论为基础的半经验公式,其优点是理论基础能够反映腾发的本质,但是由于计算和测量工作繁重,所需仪器昂贵,限制了它在实践中的应用。③以热量平衡理论及水汽扩散理论相结合的半经验公式,这种方法计算结果误差较小,既可计算长时段的需水量,又可以计算短时段的需水量。缺点是计算复杂,但是可以通过制图或制表加以简化,尤其是随着计算机技术的发展,可以编制实用的计算机程序来完成,不仅大大地缩短了计算时间,而且提高了计算结果的精度。

　　本次研究采用的是通过参考作物需水量来计算实际作物需水量的方法,它属于第三类公式的范畴。它是先根据气象资料计算出参考作物需水量 ET_0,再考虑作物及土壤因素,乘以作物系数 K_c 和土壤水分修正系数 K_ω,就可以得到实际作物需水量 ET。

　　其计算公式一般为:

$$ET = ET_0 \cdot K_c \cdot K_\omega \tag{5-1}$$

式中:ET_0 为参考作物需水量,mm/d;K_c 为作物系数;K_ω 为土壤水分修正系数。

　　采用式(5-1)即可计算出作物的实际需水量 ET。

5.2.1.2　参考作物需水量 ET_0 的实时预报

　　当知道实际的气象资料时,用上面讲述的公式计算 ET_0 是最理想的。但在预测作物蒸发蒸腾量时,气象资料不可能完全预知,所以,在实时预报中要依据不同的天气情况进行实时修正。

　　根据我国一些地区的长期(20 年以上)气象记录,用修正彭曼公式计算出逐年、逐月的 ET_0,将其分月按晴、云(少云、多云)、阴、雨 4 种天气类型分类统计,发现在同一地区和相同月份内,相同天气类型条件下 ET_0 的数值十分稳定。所以,我们采用模糊聚类的方法在实时预报中来进行修正。聚类是按照事物间的相似性进行区分和分类的过程,这一过程属无教师指导,是无监督的一种分类。聚类的方法很多,传统的聚类分析是一种硬划分,它把每个待辨识的对象严格地划分到某个类中,具有非此即彼的性质,因此这种分类的类别界限是分明的。而实际上大多数对象并没有严格的属性,它们在性态和类属方面存在着中介性,适合进行软划分。而模糊集理论恰好为这种软划分提供了有力的分析工具,用模糊集的方法来处理聚类问题,称之为模糊聚类分析。由于模糊聚类得到了样本隶属于各个类别的程度,表达了样本类属的中介性,即建立起了样本对于类别的隶属程度的描述,能更客观地反映现实世界。通常模糊聚类中不同类别的权重是按经验法来选定的,即在已有经验公式的基础上,再请专家评分修订已有的经验公式,这是实践中行之有效的方法。

　　在实际研究中,对灌区多年的气象资料进行了聚类分析,把所有的天气类型归结为晴、云、阴、雨 4 种类型,根据它们对 ET_0 值的影响,给不同的天气类型确定相应的权重因子,设为 ω,假设晴天时对 ET_0 的影响最小,认为 ω 为 1。

　　已有的研究表明,同一地区不同天气情况下多年平均的参考作物蒸腾蒸发量具有一定的比例关系。因此,在本次研究当中,我们将此比例关系作为天气类型影响的权重因子,计算过程中按照以下方法进行确定:根据我国华北 3 个地区的长期气象记录,采用彭曼公式计算出逐月的 ET_0,如表 5-1 所示;并分月按晴、云(少云、多云)、阴、雨 4 种天气类型进行分类统计,计算出各月云、阴、雨 3 种不同天气类型下的多年平均 ET_0 与晴天时 ET_0 的比值,如表 5-2 所示。

　　经计算各平均值得到晴、云、阴、雨权重系数为 1.000、0.843、0.667、0.487。

　　在计算面临阶段的参考作物需水量 ET_0' 时,首先根据修正的彭曼公式计算出不考虑天气影响时的 ET_0 值,然后根据农田遥感气象信息预测出面临阶段的天气类型,并按照模糊聚类的思想判断其隶属哪种天气类型,及所对应的权重因子,在上面 ET_0 值的基础上乘以该权重因子即得到所求的 ET_0' 值,具体计算公式为:

$$ET_0' = \omega \cdot ET_0 \tag{5-2}$$

式中：ω 为天气影响权重因子。

表 5-1　华北不同地区不同天气类型下多年平均 ET_0　　　　（单位：mm/d）

月份	望都				藁城				临西			
	晴	云	阴	雨	晴	云	阴	雨	晴	云	阴	雨
1	0.53	0.39	0.35	0.31	0.49	0.45	0.36	0.25	0.68	0.64	0.44	0.35
2	0.94	0.83	0.69	0.61	1.06	0.88	0.67	0.42	1.03	0.99	0.79	0.48
3	2.06	1.72	1.41	0.90	2.15	1.77	1.22	0.89	2.77	1.97	1.24	1.01
4	4.21	3.09	1.98	1.41	3.76	2.93	2.44	1.29	4.09	3.57	2.84	1.40
5	5.84	4.99	3.70	2.48	4.75	4.50	3.41	1.60	5.07	4.58	3.57	2.00
6	6.30	5.17	4.09	2.93	5.75	5.07	3.87	2.30	6.41	5.21	4.12	2.98
7	5.05	3.94	3.24	2.66	5.16	4.38	3.41	2.29	5.66	4.43	3.28	2.47
8	4.23	3.28	2.56	2.47	4.07	3.48	2.97	1.87	4.44	3.85	2.70	2.10
9	2.88	2.15	1.67	1.41	2.90	2.46	2.19	1.47	3.12	2.68	1.90	1.57
10	1.78	1.52	1.23	0.92	1.85	1.54	1.33	1.11	2.05	1.77	1.42	1.06
11	0.77	0.73	0.67	0.51	0.70	0.61	0.57	0.50	0.89	0.76	0.68	0.49
12	0.46	0.42	0.40	0.29	0.38	0.30	0.19	0.17	0.57	0.53	0.40	0.35

表 5-2　华北不同地区不同天气类型下 $ET_0/ET_{0晴}$

月份	望都				藁城				临西			
	晴	云	阴	雨	晴	云	阴	雨	晴	云	阴	雨
1	1.00	0.74	0.66	0.58	1.00	0.92	0.73	0.51	1.00	0.94	0.65	0.51
2	1.00	0.88	0.73	0.65	1.00	0.83	0.63	0.40	1.00	0.96	0.77	0.47
3	1.00	0.83	0.68	0.44	1.00	0.82	0.57	0.41	1.00	0.71	0.45	0.36
4	1.00	0.73	0.47	0.33	1.00	0.78	0.65	0.34	1.00	0.87	0.69	0.34
5	1.00	0.85	0.63	0.42	1.00	0.95	0.72	0.34	1.00	0.90	0.70	0.39
6	1.00	0.82	0.65	0.47	1.00	0.88	0.67	0.40	1.00	0.81	0.64	0.46
7	1.00	0.78	0.64	0.53	1.00	0.85	0.66	0.44	1.00	0.78	0.58	0.44
8	1.00	0.78	0.61	0.58	1.00	0.86	0.73	0.46	1.00	0.87	0.61	0.47
9	1.00	0.75	0.58	0.49	1.00	0.85	0.76	0.51	1.00	0.86	0.61	0.50
10	1.00	0.85	0.69	0.52	1.00	0.83	0.72	0.60	1.00	0.86	0.69	0.52
11	1.00	0.95	0.87	0.66	1.00	0.86	0.81	0.71	1.00	0.85	0.76	0.55
12	1.00	0.91	0.87	0.63	1.00	0.79	0.50	0.45	1.00	0.93	0.70	0.61
平均	1.00	0.82	0.67	0.53	1.00	0.85	0.68	0.46	1.00	0.86	0.65	0.47

5.2.1.3　作物系数 K_c 值的确定

作物系数 K_c 是作物蒸发蒸腾量 ET_c 与参照作物蒸发蒸腾量 ET_0 的比值，用公式表示为 $K_c = ET_c/ET_0$，其值的大小与作物种类和生育阶段有关。

K_c 值一般可根据作物田间需水量的试验数据来推求,或查有关地区的作物系数表得到。由于一定地区、某一作物在相同时段作物系数不变,因此实时预报时采用固定的 K_c 值。

5.2.1.4　土壤水分修正系数 K_ω

对于水稻,由于田面经常有水层存在,并不断地向根系吸水层中入渗,供给水稻根部以必要的水分。水稻全生育期内除晒田末期以及黄熟期的少数天数外,其余时期内稻田土壤含水率均不低于临界含水率;而晒田末期及黄熟期又是不需要再灌溉的时段,此时也就不必要再预报 ET 的值。故对于需要预报 ET 的时段,水稻的需水量基本上不受土壤含水率的影响。

对于旱作物,土壤中自凋萎点(凋萎含水率) ω_p 到田间持水率 ω_c 之间的水分,可以保持在根层内,并能被植物吸收利用。土壤含水率对作物需水量的影响就要分以下两种情况来考虑:①当土壤含水率 ω 在临界含水率 ω_j(即毛管断裂含水率,一般为 ω_c 的 70% ~ 80%,随土质而变)与 ω_c 之间时,土壤水分通过毛管作用充分供给作物蒸发、蒸腾的需要,土壤含水率的高低并不影响作物的蒸发蒸腾;②当土壤含水率 ω 小于临界含水率 ω_j 时,土壤水分运移由于阻力的作用,运移的实际速率将会小于充分蒸发蒸腾时所需的速率,此时土壤含水率的高低就直接影响到蒸发蒸腾的速率。所以在计算作物需水量 ET 时,引进土壤水分修正系数 K_ω 的概念来反映土壤含水率的影响。

对于水稻,在需要预报 ET 的生育期内一般不会遭受水分胁迫,它的土壤水分修正系数 K_ω 可取为 1。

对于旱作物,当土壤含水率 ω 在临界含水率 ω_j 与田间持水率 ω_c 之间时,土壤水分不是作物蒸发蒸腾的限制因素,此时土壤水分修正系数 K_ω 可近似取为 1;当土壤含水率 ω 小于临界含水率 ω_j 时,作物遭受水分胁迫,蒸发蒸腾量随着土壤含水率的降低而降低。此时土壤水分修正系数 K_ω 通过如下公式来确定:

$$K_\omega = \ln(1 + \omega)/\ln 101 \qquad (当 \omega_{c2} \leqslant \omega < \omega_{c1} 时) \qquad (5\text{-}3)$$

$$K_\omega = \alpha \cdot \exp[(\omega - \omega_{c2})]/\omega_{c2} \qquad (当 \omega < \omega_{c2} 时) \qquad (5\text{-}4)$$

式中:ω 为计算时段内的土壤含水率;ω_{c1} 为土壤水分绝对充分的临界土壤含水率,稻田为饱和含水率,旱地为田间持水率的 90%,在本次研究中,据实际情况取为 0.9;ω_{c2} 为土壤水分胁迫临界土壤含水率,稻田为饱和含水率的 80%,旱地为田间持水率的 60%,在本次研究中,据实际情况取为 0.61。

5.2.2　基于混沌遗传程序设计的参考作物腾发量预测模型

在分析预测灌区灌溉需水量或制定灌溉用水计划、水量分配计划时,作物蒸发蒸腾量的预测是最基本、最重要的内容之一。根据不同的要求,可以有作物蒸发蒸腾量的长期预报(全生育期)、中期预报(旬、月)和短期预报(10 天以内)。目前,作物系数 K_c 和土壤水分修正系数 K_ω 的确定方法已比较成熟,因此参考作物腾发量 ET_0 的预测问题成为关键问题。在近年的相关成果中,李远华提出了逐日均值修正法;顾世祥等将径向基函数法用于参考作物腾发量的预测;崔远来等则建立了基于进化神经网络的参考作物腾发量预测模型。研究表明,逐日均值修正法需要使用大量历史资料确定经验系数 A_0,并且由于其随日序数变化,如何采用亦需进一步探讨;径向基函数法在模型结构确定过程中需进行大量的计算工作,并且不能保证收敛到最优解;将 BP 网络与遗传算法相结合的进化神经网络模型虽优化了 BP 网络的结构,但仍存在网络收敛速度慢,难以逃脱局部极小点等缺陷。本书根据 ET_0 影响因素的复杂性及混沌遗传程序设计的特点,探讨基于混沌遗传程序设计的 ET_0 预测模型。

5.2.2.1　混沌遗传程序设计

遗传程序设计(Genetic Programming,GP),是在遗传算法的基础上加以延伸和扩展而形成的一种新的演化算法,在建模、预测、控制、神经网络设计、人工生命等众多领域已开始得到成功应用。遗传程序设计的具体步骤如下:

步骤1:确定目标函数。设模型的输入为 m 维,输入、输出样本数为 n。样本集表示为 $X = \{(x_{11}, x_{12}, \cdots, x_{1m}), (x_{21}, x_{22}, \cdots, x_{2m}), \cdots, (x_{n1}, x_{n2}, \cdots, x_{nm})\}$, $Y = \{y_1, y_2, \cdots, y_n\}$。$x_{ij}$ 为第 i 个输入样本中的第 j 个元素,$(x_{i1}, x_{i2}, \cdots, x_{im})$ 为第 i 个输入样本,y_i 为相应的第 i 个输出样本,$i = 1, 2, \cdots, n, j = 1, 2, \cdots, m$。设计过程就是根据输入、输出样本确定一个最佳函数表达式 $G(x_1, x_2, \cdots, x_m)$,使误差极小化

$$\min f = \sum_{k=1}^{n} |G(x_{k1}, x_{k2}, \cdots, x_{km}) - y_k| \tag{5-5}$$

式中:$G(x_1, x_2, \cdots, x_m)$ 为 m 元函数,x_i 为函数的第 i 个自变量,$i = 1, 2, \cdots, m$。

步骤2:编码。确定终端集 T 和函数集 F。终端集 T 的元素定为变量 x 和常数 c。在本书中,函数集 F 的元素定为算术操作 $\{+, -, \times, /\}$ 和初等函数 $\{sinx, cosx, arctanx, arccotx\}$。由于终端集 T 和函数集 F 都是有限离散集,因此可用自然数的子集对他们的并集 $D = T \cup F$ 进行统一编码。表 5-3 给出了一种编码方案。若编码值为 0 则在区间 $[-1, 1]$ 上随机选取一个数;若表中的编码值为 1,则对应 $x_i(i = 1, 2, \cdots, m)$ 中的某一个。在 GP 中称函数 $G(x_1, x_2, \cdots, x_m)$ 为式(5-5)问题的解,它表示由特定的系统输入得到特定的系统输出的一段计算机程序,并用分层结构的二叉树集来表示解空间。称一棵树为 GP 的一个个体,它对应一个函数 $G(x_1, x_2, \cdots, x_m)$。一棵树由根节点、中间节点和叶节点构成,这些节点的编码值根据编码方案选取。

表 5-3　遗传程序设计的一种编码方案

并集 D 中的元素	编码值	并集 D 中的元素	编码值
c	0	$/$	5
x	1	$sinx$	6
$+$	2	$cosx$	7
$-$	3	$arctanx$	8
$\times$	4	$arccotx$	9

步骤3:父代群体的初始化。设群体规模为 N,则共产生 N 棵树,这些树的最大深度(即层数)应取较小的整数(例如 4~6),以便对由 GP 搜索到的最优函数表达式进行分析解释。产生初始群体 N 棵树时,每棵树的根节点可在函数集 F 对应的编码值中随机选

择,中间节点可在并集 D 对应的编码值中随机选择,叶节点可在终端集 T 对应的编码值中随机选择。

步骤4:父代群体的解码和适应度评价。将父代群体中以二叉树形式表示的每个个体进行解码得出个体对应的函数表达式 G。把函数表达式 G 带入式(5-5),可得各个体所对应的目标函数值 $f(i)$,$i=1,2,\cdots,N$,把 $f(i)$ 按从大到小排序,并称排在最前面的几个个体为优秀个体。目标函数值 $f(i)$ 越小,表示该个体的适应度越高,反之亦然。基于此,可定义排序后第 i 个父代个体的适应度函数值 $F(i)$ 为

$$F(i) = 1/[f(i) \times f(i) + 0.001] \tag{5-6}$$

步骤5:对父代群体进行遗传操作。选择操作取比例选择方式,则父代个体 i 的选择概率为

$$s(i) = F(i)/\sum_{i=1}^{N} F(i) \tag{5-7}$$

令 $p(0)=0$,$p(i)=\sum_{k=1}^{i} s(k)$,$i=1,2,\cdots,N$,生成一个 $[0,1]$ 区间的均匀随机数 u,若 u 在 $[p(i-1),p(i)]$ 中,则第 i 个个体被选中。为增强持续全局搜索的能力,把最优秀的 5 个父代个体直接复制为子代个体。

在 GP 中交叉操作就是在两棵父代个体树上随机产生两个交叉点,然后交换以交叉点为根节点的子树。交叉时需避免产生巨型树。

在 GP 中的变异操作就是在选得的个体中随机产生一个变异点,然后以变异点为根节点,将其以下的子树(包括变异点)按照步骤3的方式随机产生一棵子树来代替。

在产生每个子代个体中,GP 以相应的操作概率执行上述三种遗传操作之一:设选择操作概率为 p_s,交叉操作概率为 p_c,则变异操作概率为 $p_m=1-p_s-p_c$。产生一个 $[0,1]$ 区间上的均匀随机数 u,若 $u \leqslant p_s$ 则进行选择操作,若 $p_s < u \leqslant (p_s+p_c)$ 则进行交叉操作,若 $u > (p_s+p_c)$ 则进行变异操作。如此反复进行 $N-5$ 次,完成 1 次进化迭代。在实际应用时为更好地搜索寻优,也可使 p_s、p_c 和 p_m 随着进化迭代次数的增加而作动态调整。

步骤6:记录最佳的个体,并把子代群体作为新的父代群体,转入步骤4,如此反复演化,直至进化迭代次数大于预设值,或目标函数值达到预设值,结束算法的运行。此时最佳个体为最终结果。

5.2.2.2 混沌算法优化模型参数

混沌理论与方法属于非线性科学的分支,也是解决其他学科问题的有力工具。混沌序列能够不重复地经历一定范围内的所有状态,是其应用于函数优化的根本出发点,也正是因为这一特性,使得求解函数优化问题成为可能。混沌算法不但原理明了,计算过程简单,有较高的精度,而且可以避免遗传算法在计算过程中存在的"早熟现象"。

单纯地使用遗传程序设计实现信息系统的自动建模,虽然比起传统的方法具有较大的灵活性和智能性,但在演化过程中,具有较好结构的模型可能因为其中参数未能达到最优而被淘汰,使最终搜索到的模型精度不高。GP 擅长于模型结构的自动搜索,而不是参数的寻优。因此,本书将遗传程序设计和混沌算法结合起来进行建模。大量实验表明,两者并行使用(对每代中每个个体均进行参数优化)会使程序运行很慢,而且也是没必要

的,所以本书对于遗传程序设计和混沌算法的结合采取串行方式。独立运行 GP 程序 R 次,产生 R 个最佳个体,分别进行参数优化后,选择拟合误差最小的个体为最终结果。优化 $G(x_1,x_2,\cdots,x_m \mid z_1,z_2,\cdots,z_t)$ 步骤如下。

步骤 1:确定目标函数和约束条件。

$$\left.\begin{aligned}\min g(z_1,z_2,\cdots,z_t) = \sum_{k=1}^{n} \mid G(x_{k1},x_{k2},\cdots,x_{km} \mid z_1,z_2,\cdots,z_t) - y_k \mid \\ e_i \leqslant z_i \leqslant d_i, \quad i = 1,2,\cdots,t \end{aligned}\right\} \tag{5-8}$$

式中:z_i 为函数 G 的第 i 个参数;e_i 和 d_i 可由经验给定,本书中 $e_i = -1, d_i = 1$。

步骤 2:算法初始化。令迭代次数控制变量 $k=0$,随机生成 t 个 $[0,1]$ 上初值 $z_{ik}(i=1,2,\cdots,t)$, $Z_k = (z_{1k},z_{2k},\cdots,z_{tk})$ 令

$$z'_{ik} = d_i + (e_i - d_i) \cdot z_{ik} \tag{5-9}$$

$Z'_k = (z'_{1k},z'_{2k},\cdots,z'_{tk})$,令 $Z^* = Z'_k$, $g^* = g(Z'_k)$。

步骤 3:混沌序列粗搜索。置最大迭代步数 Num。利用 Z_0 和 Logistic 方程 $\theta_{k+1} = 4 \times \theta_k \times (1 - \theta_k)$, $\theta_k \in [0,1]$,迭代生成混沌向量序列 $Z_k(k=1,2,\cdots,Num)$,将混沌序列各个分量分别代入式(5-9)得到 $Z'_k(k=1,2,\cdots,Num)$。依次对 Z'_k 进行检验,如果 $g(Z'_k) < g^*$,那么 $Z^* = Z'_k, g^* = g(Z'_k)$,如此重复直到 g^* 的值只有微小变化,或者满足最大迭代次数。

步骤 4:混沌序列细搜索。置最大迭代步数 N'。令 $\phi_0 = Z^*$,按照 $\phi_k = \phi_{k-1} + \alpha \cdot \phi'_{k-1}$($k=1,2,\cdots,N'$)进行二次载波,$\phi'_{k-1}$ 为由 Logistic 映射生成的混沌序列。α 为扰动系数,可以根据具体问题进行设定。依次对 ϕ_k 进行检验,如果 $g(\phi_k) < g^*$,那么 $Z^* = \phi_k, g^* = g(\phi_k)$,如此重复直到 g^* 的值只有微小变化,或者满足最大迭代次数。

最终的 Z^* 即为最优解,g^* 为最优值。

5.2.2.3　混沌遗传程序设计的特点

混沌算法是根据混沌的迭代不重复性和遍历性,按照其"自身规律"不重复地遍历所有状态。利用混沌变量进行优化搜索,可以避免陷入局部最优点,取得全局最优。混沌算法编程简单,计算精度较高,且对待优化目标函数的特性要求较少,因此具有较广的应用范围。遗传程序设计是借鉴生物界的自然选择和遗传机制,在遗传算法的基础上发展起来的搜索算法,它已成为进化计算的一个新分支。本书将混沌算法与遗传程序设计结合起来,既保留了遗传程序设计擅长于模型结构的自动寻优,又在一定程度上弥补了单纯遗传程序设计中具有较好结构的模型可能因为其中的参数未能达到最优而遭淘汰的损失。因此,混沌遗传程序设计与单纯遗传程序设计相比,拟合精度更高,稳定性更好。

5.2.2.4　ET_0 预测模型

联合国粮农组织 FAO 推荐使用 Penman - Montieth 方法进行 ET_0 的计算,该方法使用的逐日(或逐旬)气象资料有最高气温、最低气温、平均气温、相对湿度、风速和日照时数 6 项,同时应考虑计算点的纬度和海拔高程。对于某一固定地点,ET_0 仅随同步的气象而变并表示为

$$ET_0 = F(T_{\max}, T_{\min}, T_{\mean}, RH, n, u) \tag{5-10}$$

式中:ET_0 为参考作物腾发量,mm/d;T_{max}、T_{min}、T_{mean} 分别为最高、最低和平均气温,℃;RH 为相对湿度;n 为日照时数,h/d;u 为风速,m/s。

该方法需要气象资料较多,在气象资料不全时无法使用,并且由于无法对某些气象因子进行预报,因而只能进行 ET_0 计算而不能进行预测。而遗传程序擅长自动搜索模型,并能反映各因素及其相互作用的影响,因此适合预测 ET_0 这类影响因素复杂的问题。

将上述气象因子的不同组合作为理想输入,由 Penman – Montieth 方法计算的 ET_0 值作为理想输出,使用混沌遗传程序设计进行模型搜索。为了消除各因子由于量纲和单位不同的影响,将输入向量进行归一化处理,即

$$x_i' = \frac{x_i - x_{i,min}}{x_{i,max} - x_{i,min}} \tag{5-11}$$

式中:$x_{i,max}$ 和 $x_{i,min}$ 分别为因子 x_i 样本中的最大和最小值。

5.2.2.5　模型数字实验分析

利用某灌区的资料,以 1997 年 1 月 ~ 1998 年 11 月的日样本资料进行训练,用 1998 年 12 月的日样本资料进行预测。在多元统计分析中,当自变量间存在相关性时,容易导致计算因子增多而降低模型预测精度。为了研究混沌遗传程序设计是否也强调输入因子的独立性,以具有代表性的 6 种情况设计模型数字实验,分析不同输入因子训练模型所得的参数对实际预报合格率(此处规定相对误差的绝对值小于 25% 的百分率)的影响,实验处理见表 5-4。

表 5-4　不同输入因子模型数字实验处理

处理编号	输入因子项	样本数(个)	相关系数	合格率(%)
1	$T_{max},T_{min},T_{mean},RH,u,n$	699	0.913	90.3
2	T_{mean},RH,u,n	699	0.899	89.1
3	T_{mean},u,n	699	0.895	88.6
4	T_{mean},n	699	0.844	75.2
5	T_{mean},u	699	0.751	67.7
6	T_{mean}	699	0.635	63.3

由混沌遗传程序得到相应处理方案的预测函数,经过化简表示为

$$y_1 = -0.7916x_4 + 3x_3 + (-0.8240x_4 + x_6 + 0.8086)/[arccot(x_5 + 0.5887) + 0.0001]$$

$$y_2 = \cos(\cos x_3) + x_3/0.3378 - x_4/(\cos x_3 + 0.0001) + x_5^2 + x_6$$

$$y_3 = x_3 + x_5 + x_6 + (x_3 + x_5)x_3 + 0.3155$$

$$y_4 = 2x_3 + x_6 + x_6^3 + 0.6816$$

$$y_5 = (x_3 + x_5)/0.8067 \times (x_3 + 0.6018) + 0.3235$$

$$y_6 = (x_3 + \arctan x_3)x_3 + \sin x_3 + 0.9494$$

以上各式中 y_i 表示处理 i 所对应的参考作物腾发量函数;x_1,x_2,x_3,x_4,x_5,x_6 分别代表经过数据归一化处理后的最高气温、最低气温、平均气温、相对湿度、风速和日照时数。

(1)处理 1 和处理 2 比较,相关系数和合格率差别非常小,这是由于最高气温、最低

气温与平均气温有很强的相关关系,故只考虑平均气温即可。处理1的表达式中不含 x_1、x_2,这也是因为平均气温与最低气温、最高气温之间有很强的相关关系,仅4个因子即可与 ET_0 建立起很强的函数关系,因此遗传程序在自动搜索模型结构的过程中,往往淘汰掉了对结果影响力很小的因子,但这并不降低模型的精度,因为遗传程序是以数据拟合精度最高为目标,来搜索最优的模型结构。

(2)处理2和处理3比较,相关系数和合格率非常接近,这说明相对湿度的作用不大,引入它对模型预测准确性并无大的改善。

(3)处理4和处理5比较,处理4的相关系数和合格率均高于处理5,说明日照时数比风速对提高模型预测精度贡献更大。

(4)处理6的结果表明,单以平均气温来计算参考作物腾发量的精度不高。

(5)从各种处理的合格率上可以看到,混沌遗传程序计算的结果有较高的精度。

综合上述,考虑模型的精度和简易性以及因子预报的准确性,本书选择平均气温、风速和日照时数为预测输入因子。

5.2.2.6　模型检验和比较

利用研究区1998年12月逐日气象资料,选取平均气温、风速和日照时数为预测输入因子,由混沌遗传程序设计参考作物腾发量预测模型,并将 Penman – Montieth 的计算结果作为实际值,二者进行比较。计算结果如图5-2所示,预测合格率达到89.7%。同时编制神经网络和多元线性回归程序与混沌遗传程序进行比较,这两种模型的预测合格率分别为80.7%和74.1%,可见混沌遗传程序设计模型的预测结果是令人满意的。

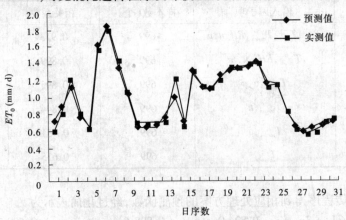

图5-2　参考作物腾发量实测、预测对比

采用混沌遗传程序建立参考作物腾发量的预测模型,弥补了人们对影响参考作物腾发量因素等认识的局限,通过程序自动搜索模型结构,避免了预先确定参考作物腾发量与各气象因子间复杂关系的不便。而混沌算法与遗传程序的结合,既保留了遗传程序擅长于模型结构自动搜索的优点,又在一定程度上克服了单纯遗传程序设计中具有较好结构的模型可能因为其中的参数未能达到最优而遭淘汰的不足,具有精度高、速度快的优点。实例表明,该预测模型具有推广应用的价值,为参考作物腾发量的预测提供了一种新的方法。

5.3　实时优化调度模型

5.3.1　实时优化调度分层耦合模型

本次研究建立了中长期和短期两层耦合模型进行实时优化调度,其模型如下。

两层耦合模型包括:①以作物生长年为调度期,旬为时段长的中长期调度模型;②以旬为时段长的渠系动态配水模型。两层调度模型逐级耦合、相互嵌套、滚动修正,可满足实时优化调度的要求(见图 5-3)。

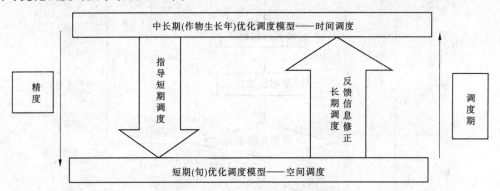

图 5-3　实时优化调度的两次耦合模型

5.3.2　调度流程图

按照本次研究的实际调度过程,实时调度流程如图 5-4 所示。

5.3.3　中长期调度模型

中长期调度模型参看第 4 章相关内容。

5.3.4　短期调度模型

短期优化调度,即渠系实时配水过程。渠系实时配水模型是在中长期优化配水策略指导下结合实时预报建立的灌区渠系的实时配水模型。其较好地体现了真实的生产过程。因此,所得到的成果才能够指导生产实践。

灌区渠系动态配水技术的研究主要是渠系水情监测和配水模式研究,在多水源灌区,还要预测分析灌区内部小型蓄、引、提工程的可供水量,制定渠道操作计划,包括各干支渠系统的灌溉需水量、放水口开闸时间、放水延续时间及取水流量。渠系动态配水的数学模型需考虑各配水口下的作物种类、土壤水分状况、当地利用水量、渠道过水能力以及轮灌组合等方面,因此采用多阶段决策过程,或者是二次规划方法,以灌溉供水效益最大为目标。将灌溉配水渠道概化为一组导管,每根导管下端需向一个或几个斗口供水,即为一个轮灌组,采用 0-1 规划法求解一个灌水周期内各斗口的最佳轮灌组合,以达到整个配水渠道配水时间最短、流量稳定和输水损失最小;也有采用线性规划模型进行渠道配水研

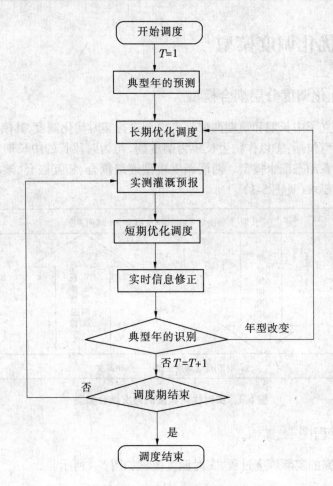

图 5-4　实时优化调度流程

究,以净灌溉总收益最大为目标,并考虑了各级渠道实际放水时间、渠道输水、最小流量等约束条件,已成功地应用于印度的 Golawer & Golapar 渠灌区;或采用大系统递阶模型将整个灌溉区分解成作物层、支斗渠配水层、全程区范围等层,各层以缺水量作为协调变量,以灌溉净效益最大、灌溉亏缺水量最小等为目标函数。而遗传算法作为一种快捷的模型求解算法也开始应用于灌区实时优化配水模型的计算。

笔者认为渠系的实时配水也就是相当于在来需水量等条件已知的条件下,一次灌水灌溉的渠系水量分配优化问题。因此,本书以全灌区的灌溉增产效益最大为目标函数,采用线性规划模型对灌区渠系进行实时配水。

5.3.4.1　渠系概化图

大型灌区水资源系统的组成与结构比较复杂,特别是渠系分布往往面广量大,分散性强,要充分利用好有限的水资源,对灌区水资源进行合理的配置,必须首先建立模拟灌区渠系的网络图,全面反映水资源系统的配置方案以及各组成部分的相互关系(见图 5-5)。

整个模型采用模拟模型,其中作物模拟模型如图 5-6 所示。

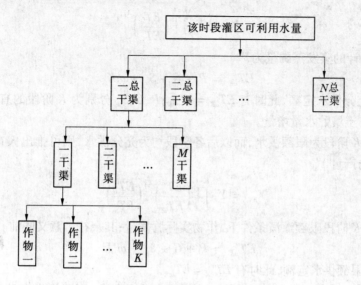

图 5-5　渠系配水模型

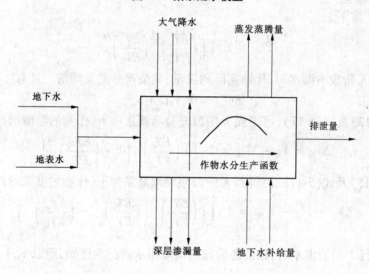

图 5-6　模拟作物土壤水分模型

5.3.4.2　实时渠系配水模型

1）建模基础

根据 Jensen 模型

$$\frac{Y_a}{Y_m} = \prod_{i=1}^{N} \left(\frac{ET_a}{ET_m} \right)_i^{\lambda_i} \tag{5-12}$$

考虑充分灌溉与限额灌溉两种灌水定额,计算某生育阶段或某次灌水各站的灌溉增产量,其方法推导如下:

若作物在 K 生育阶段需要灌水,先假定在 K 阶段及以后各阶段均为充分供水,由于 $K-1$ 及其之前各阶段 ET_a、ET_m 已知,则可推出在 K 阶段充分灌溉条件下作物的预计产量 Y_K。

$$Y_K = Y_m \prod_{i=1}^{K-1} \left(\frac{ET_a}{ET_m}\right)_i^{\lambda_i} \tag{5-13}$$

K 阶段预计的蒸发蒸腾量为

$$ET_{aK} = P + G + S_w + mK \tag{5-14}$$

式中：mK 为充分供水定额，此时有 $ET_{aK} = ET_{mK}$；P、G、S_w 分别为 K 阶段的有效降水量、地下水补给量与土壤贮水量增量。

同理，若 K 阶段为限额供水，而以后各阶段均为充分供水，则可推出 K 阶段限额灌溉条件下预计的产量 Y'_{aK}

$$Y'_{aK} = Y_m \prod_{i=1}^{K-1} \left(\frac{ET_a}{ET_m}\right)_i^{\lambda_K} \left(\frac{ET'_a}{ET_m}\right)_K^{\lambda_K} \tag{5-15}$$

式中：ET'_{aK} 为 K 阶段限额灌溉条件下，作物实际腾发量；其余符号意义同前。且有

$$ET'_{aK} = P + G + S_w + m'K \tag{5-16}$$

式中：$m'K$ 为限额供水定额，此时有 $ET'_{aK} = ET_{mK}$。

同理，若假定 K 阶段不供水，而以后各阶段仍充分供水，则可推出 K 阶段不灌情况下的作物预计产量 Y''_{aK}

$$Y''_{aK} = Y_m \prod_{i=1}^{K-1} \left(\frac{ET_a}{ET_m}\right)_i^{\lambda_K} \left(\frac{ET''_a}{ET_m}\right)_K^{\lambda_K} \tag{5-17}$$

式中：ET''_{aK} 为 K 阶段不灌水时，作物实际腾发量；其余符号意义同前。且有

$$ET''_{aK} = P + G + S_w \tag{5-18}$$

由式(5-13)及式(5-17)，可得到 K 阶段充分灌溉条件下，作物的灌溉增产量，即

$$\Delta Y_1 = Y_K - Y''_{aK} = Y_m \prod_{i=1}^{K-1} \left(\frac{ET_a}{ET_m}\right)_i^{\lambda_K} \left[1 - \left(\frac{ET''_a}{ET_m}\right)_K^{\lambda_K}\right] \tag{5-19}$$

由式(5-15)及式(5-17)，可得到 K 阶段限额灌溉条件下，作物的灌溉增产量，即

$$\Delta Y_2 = Y'_{aK} - Y''_{aK} = Y_m \prod_{i=1}^{K-1} \left(\frac{ET_a}{ET_m}\right)_i^{\lambda_K} \left[\left(\frac{ET'_a}{ET_m}\right)_K^{\lambda_K} - \left(\frac{ET''_a}{ET_m}\right)_K^{\lambda_K}\right] \tag{5-20}$$

由于进行 K 阶段供水时，以前各阶段的实际用水情况为已知，所以 $Y_m \prod\limits_{i=1}^{K-1} \left(\frac{ET''_a}{ET_m}\right)_i^{\lambda_i}$ 可简化为一个常数 $f(E)$，则式(5-19)及式(5-20)可改写为

$$\Delta Y_1 = f(E) \left[1 - \left(\frac{ET''_a}{ET_m}\right)_K^{\lambda_K}\right] \tag{5-21}$$

$$\Delta Y_2 = f(E) \left[\left(\frac{ET'_a}{ET_m}\right)_K^{\lambda_K} - \left(\frac{ET''_a}{ET_m}\right)_K^{\lambda_K}\right] \tag{5-22}$$

2）数学模型

(1)目标函数。全灌区某一次灌水的净增产最大，即

$$\max B = \sum_{i=1}^{G_Z} \{[\Delta Y_1(i)z(i,1) + \Delta Y_2(i)z(i,2)]P_1 - SF(i)[m_1(i)z(i,1) +$$
$$m_2(i)z(i,2)]/[\eta_f(i)\eta_l(i)] - PL[z(i,1) + z(i,2)]GL\} \tag{5-23}$$

式中：B 为某一次灌水全灌区的净增产效益，元；$\Delta Y_1(i)$、$\Delta Y_2(i)$ 分别为第 i 区单位面积充

分灌溉与限额灌溉的增产量,kg/hm²;P_1 为作物单价,元/kg;$SF(i)$ 为水费单价,元/m³;$\eta_f(i)$、$\eta_l(i)$ 分别为田间及支渠的水利用系数;PL 为灌溉单位灌溉面积所需工日(假设充分灌溉与限额灌溉单位面积所需工日相等),d/hm²;GL 为灌水工日工资;$z(i,1)$、$z(i,2)$ 为决策变量,分别为各站充分灌溉与限额灌溉的优化面积,hm²;$m_1(i)$、$m_2(i)$ 分别为 i 区充分灌溉与非充分灌溉的灌水定额,m³/hm²。

(2)约束方程。

面积约束:第 i 区的充分灌溉与非充分灌溉面积之和不得大于作物的种植面积,即

$$z(i,1) + z(i,2) \leq m(i,j) \tag{5-24}$$

式中:$m(i,j)$ 为 i 区作物的种植面积。

水量约束:L 轮期的灌水量应小于渠首可引水量,即

$$\sum_{i=1}^{G_z} [m_1(i)z(i,1) + m_2(i)z(i,2)]/[\eta_f(i)\eta_l(i)\eta_m(i)] \leq Q_L(i)T_i \times 86\,400\eta_{gm} \tag{5-25}$$

式中:$\eta_f(i)$,$\eta_l(i)$、$\eta_m(i)$ 分别为 i 区的田间、支渠和干渠的渠道水利用系数;Q_L 为第 L 轮期,渠首的来水流量,m³/s;T 为 L 轮期合计的用水天数,d;η_{gm} 为总干渠的渠道水利用系数。

流量约束:应按灌区渠系的实际布置情况列出,一般可分为两种情况。

对于独立的干支渠,只给本渠段供水,没有向下一级输水的任务。

$$[m_1(i)z(i,1) + m_2(i)z(i,2)]/[\eta_f(i)\eta_l(i)\eta_m(i)] \leq Q_2(i)T_i \times 86\,400 \tag{5-26}$$

对于非独立的干支渠道,除了给本渠段供水外,还有向下一级渠段输水的任务。

$$\{[m_1(i)z(i,1) + m_2(i)z(i,2)]/[\eta_f(i)\eta_l(i) + Q_d]\}/\eta_m(i) \leq Q_2(i)T_i \times 86\,400 \tag{5-27}$$

式中:$Q_2(i)$ 为第 i 干支渠的正常流量,m³/s;Q_d 为向下一渠段输送的流量,m³/s;T_i 为第 i 干支渠实际用水天数,d。

$$T_i = T/L_z$$

式中:L_z 为全灌区干(支)渠段轮灌组数。

最小灌溉面积约束:

$$z(i,1) + z(i,2) \geq [mi(i)/100]m(i,j) \tag{5-28}$$

式中:$mi(i)$ 为第 i 区的最小灌溉面积约束系数(%)。

非负约束:

$$z(i,1) \geq 0;z(i,2) \geq 0$$

3)模型的求解

本模型为典型的线性规划,用单纯形法子程序解出各站及所属干支渠分水口的充分灌溉面积 $z(i,1)$ 和限额灌溉面积 $z(i,2)$ 后,计算机可自动打印出优化的渠系配水表,并可根据渠首来水流量的大小,自动进行干(支)渠的轮灌组划分,以保证渠系优化配水计划的正确实施。

5.4　实时预报系统

预测预报系统可分为中长期预报系统和短期预测预报系统。中长期预报又可分为降水量预报、地下水可开采量预报和作物需水量预报等。该部分内容已在第 3 章详细讲述，下面主要说明短期预报。

实时优化调度是基于预报的调度，因此预测预报系统是实时优化调度中不可缺少的组成部分。实时预报的内容大的方面分为来水预报和需水预报，前者又包括大气降水、地下水可开采量、当地地表水可利用量和客水可利用量；后者主要包括灌区内作物的需水量，并由此可对各种作物的灌溉制度等进行实时预测。

5.4.1　大气降水预报

由于实时预报为短期预报，本次研究采用以旬作为预报的预见期。目前的天气预报的预见期一般为 3 天，中央气象局提供未来 7 天和 10 天的气象趋势预报，并提供未来一个月的降水量预报图。故可以通过两种办法获得大气降水的预报：①根据查阅中央气象局的资料可以获得未来时段（1 旬）的降水量预报值；②根据未来 10 天的天气情况预报（如晴天、多云、小雨、暴雨等）的定性预测然后再转化成定量预报。

5.4.2　客水引水量预报

未来 1 旬的客水引水量可以根据相关供水部门的资料进行相关预报。

5.4.3　地下水的预报

地下水的预报包括地下水位预报和地下水可开采量预报，由于本次研究按照作物年对地下水进行统一调配，因此地下水的实时预报需根据全年的地下水可开采量和已开采量进行综合预测。

5.4.4　作物需水量预报

作物需水量预报的关键是预测参考作物的蒸腾量。灌区的实时优化配水是基于预报的配水。作物需水量预报的具体内容详见 5.2 节。

5.5　实时修正系统

采用计算机辅助的灌区用水管理软件（如决策支持系统、专家系统等）将是实现灌区"动态用水计划"，真正实现"适时"、"适量"灌溉，并做到兼顾农民和灌区利益的重要途径；也是推动灌区用水管理走向现代化、自动化、智能化的重要手段；是 21 世纪灌区用水管理发展的必然趋势。由此可知先进的调度过程是"预报、决策、实施、修正、再预报、再决策、再实施、再修正"滚动向前的。因此，实时修正系统在实时调度中起着至关重要的作用。实时修正系统主要包括实时信息的修正和典型年的修正两部分。

5.5.1　实时信息修正

实时信息的修正是指当调度进行到某一时段末时,前一时段的基本信息就变成了已知条件,我们必须对先前的预测进行实测信息的修正,才能保证以后的调度可以指导实际生产,这些实测信息的修正和更新就成为实时信息修正。它主要包括以下几个方面:

(1)气象信息的修正:包括实际降水量、气温、天气类型、日照时数、风速、太阳辐射等。

(2)土壤信息的修正:包括旱田的田间持水深度、水田的田间水面深度等土壤墒情。

(3)引黄水量信息:包括总量及其时间分布等。

(4)渠系输配水信息:包括各个渠系的开闭闸时间、渠系流量和渗漏量等。

(5)作物生长信息:作物的长势、凋萎率和叶面积指数等。

5.5.2　典型年的修正

典型年的修正就是根据实测的信息(主要是降水量)对典型年的年型进行模糊模式识别修正,及时修正长期调度方案。具体参看4.6.2.3节中模糊识别及修正。

5.6　相应内容计算

根据以上研究理论及求解方法,对渠村引黄灌区偏枯水平年1995～1996年进行实时调度演算,演算成果见表5-5、图5-7。

表5-5　1995～1996年(偏枯水年)调度结果

旬	预测有效降水量(mm)	修正典型年(mm)	实际有效降水量(mm)	ET_0(mm)	作物系数	土壤系数	作物需水量(mm)	分配有效水量(万 m³)	实际最优调度结果(万 m³)	实时修正结果(万 m³)
10 月上旬	7.4	12.4	22.5	23.530	0.64	1	15.06	331.96	0	331.96
10 月中旬	22.7	23.9	28.6	25.784	0.64	1	16.50	0	0	0
10 月下旬	7.1	3.3	8.4	24.332	0.64	1	15.57	368.25	241.13	368.25
11 月上旬	10.3	8.3	0	20.889	0.66	0.95	13.10	123.55	440.32	123.55
11 月中旬	4.4	3.6	0	14.854	0.66	1	9.80	234.46	329.60	234.46
11 月下旬	1.4	10.0	0	15.085	0.66	1	9.96	372.85	334.73	372.85
12 月上旬	1.4	2.7	0	22.037	0.68	0.95	14.24	557.47	478.62	557.47
12 月中旬	2.3	1.9	0	25.205	0.68	0.95	16.28	607.04	547.42	607.04
12 月下旬	2.1	0.9	0	27.588	0.68	0.95	17.82	684.88	599.17	684.88
1 月上旬	3.8	0.1	0	8.867	0.58	1	5.14	60.60	172.91	60.60
1 月中旬	0.1	0.4	0	33.613	0.58	0.95	18.52	803.22	622.66	803.22
1 月下旬	3.0	0.6	0	26.130	0.58	0.95	14.40	497.38	484.04	497.38
2 月上旬	2.7	0.3	0	34.181	0.58	0.95	18.83	702.17	633.19	702.17
2 月中旬	3.7	1.8	8.6	9.800	0.58	1	5.68	85.06	0	85.06
2 月下旬	3.8	1.1	0	9.692	0.58	1	5.62	79.22	188.98	79.22
3 月上旬	6.1	7.1	0	31.603	1.30	0.9	36.97	1 344.71	1 243.10	1 344.71

续表 5-5

旬	预测有效降水量（mm）	修正典型年（mm）	实际有效降水量（mm）	ET_0（mm）	作物系数	土壤系数	作物需水量（mm）	分配有效水量（万 m³）	实际最优调度结果（万 m³）	实时修正结果（万 m³）
3 月中旬	4.7	3.2	0	30.205	1.30	0.9	35.34	1 331.39	1 188.14	1 331.39
3 月下旬	8.7	8.0	9.3	22.467	1.30	0.95	27.75	829.84	620.18	829.84
4 月上旬	5.1	2.3	0	60.560	0.75	0.9	40.88	1 558.31	1 374.32	1 558.31
4 月中旬	11.6	3.5	0	62.148	0.75	0.9	41.95	1 322.18	1 410.36	1 322.18
4 月下旬	14.5	7.1	26.9	42.558	0.75	1	31.92	757.15	168.73	757.15
5 月上旬	12.1	18.6	0	70.204	1.14	0.8	64.03	2 259.56	2 152.55	2 259.56
5 月中旬	17.9	17.9	0	67.241	1.14	0.8	61.32	1 889.06	2 061.70	1 889.06
5 月下旬	16.4	16.3	44.7	44.983	1.14	1	51.28	1 518.64	221.23	1 518.64
6 月上旬	15.6	10.6	0	57.674	1.11	0.85	54.61	1 697.44	1 836.04	1 697.44
6 月中旬	28.6	8.2	12.9	61.715	1.11	0.9	61.88	1 446.66	1 646.56	1 446.66
6 月下旬	23.6	18.3	17.7	58.669	1.11	0.9	58.82	1 531.00	1 382.50	1 531.00
7 月上旬	68.6	21.7	13.8	43.150	1.30	0.9	50.46	0	1 232.51	1 099.60
7 月中旬	37.8	59.5	23.5	46.557	1.30	0.9	54.44	724.37	1 040.33	0
7 月下旬	66.4	39.6	64.1	38.228	1.30	1	49.67	0	0	385.98
8 月上旬	48.7	40.2	63.6	33.817	1.47	1	49.76	47.50	0	363.46
8 月中旬	44.8	41.9	23.1	43.539	1.47	0.9	57.65	559.53	1 161.73	599.67
8 月下旬	14.4	23.6	0	39.518	1.47	0.85	49.42	1 524.84	1 661.59	984.59
9 月上旬	32.7	14.9	18.9	44.958	1.22	0.9	49.54	732.26	1 030.10	1 321.24
9 月中旬	12.9	22.9	5.4	42.163	1.22	0.9	46.46	1 459.92	1 380.41	901.02
9 月下旬	14.1	1.5	0	44.192	1.22	0.85	45.99	1 388.55	1 546.18	1 700.23

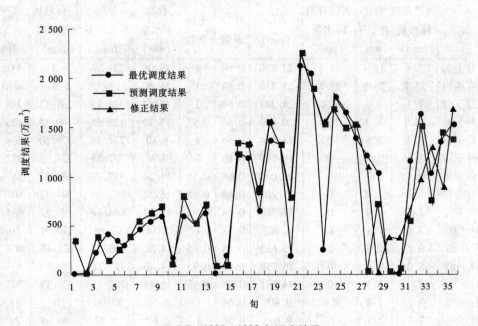

图 5-7 1995~1996 年调度结果

本次实时调度中长期配水是以旬为单位进行可调配水量研究,而农业水资源优化调度的最终目的是得到各旬各渠道各种作物的分配水量。因此,在时程分配成果获得后还要对整个灌区进行空间配水,即实时的渠系配水。1995~1996 年度各旬的渠系配水结果如表 5-6 所示。

表 5-6　1995~1996 年度渠系配水结果　　　　　（单位:万 m³）

渠系名称	控灌面积（万 hm²）	10 月上旬	10 月中旬	10 月下旬	11 月上旬	11 月中旬	11 月下旬	12 月上旬	12 月中旬	12 月下旬
输水总干渠	4.96	86.50	0	95.96	32.19	61.09	97.15	145.27	158.18	178.47
桑村干渠	1.72	29.98	0	33.26	11.16	21.18	33.67	50.35	54.83	61.86
南湖干渠	0.59	10.29	0	11.41	3.83	7.27	11.56	17.28	18.81	21.23
牛寨干渠	0.90	15.73	0	17.46	5.86	11.11	17.67	26.43	28.78	32.47
郑寨干渠	0.59	10.27	0	11.39	3.82	7.25	11.54	17.25	18.78	21.19
高铺干渠	0.32	5.59	0	6.20	2.08	3.95	6.27	9.38	10.22	11.53
安寨干渠	0.52	9.04	0	10.02	3.36	6.38	10.15	15.18	16.52	18.64
其他支渠	0.32	5.60	0	6.21	2.08	3.95	6.29	9.40	10.24	11.55
一总干渠	4.12	64.71	0	71.78	24.08	45.71	72.69	108.68	118.32	133.51
火厢干渠	0.18	2.80	0	3.10	1.04	1.98	3.14	4.70	5.12	5.77
濮水干渠	0.15	2.4	0	2.66	0.89	1.69	2.69	4.03	4.38	4.95
顺河干渠	0.32	5.08	0	5.63	1.89	3.59	5.70	8.53	9.29	10.48
焦夫干渠	0.13	2.01	0	2.23	0.75	1.42	2.26	3.37	3.67	4.14
大屯干渠	0.33	5.21	0	5.78	1.94	3.68	5.86	8.76	9.53	10.76
古城干渠	0.19	2.93	0	3.25	1.09	2.07	3.29	4.92	5.35	6.04
石村干渠	0.23	3.64	0	4.04	1.36	2.57	4.09	6.12	6.66	7.52
霍町干渠	0.25	3.91	0	4.34	1.46	2.76	4.40	6.57	7.16	8.07
西郜干渠	0.51	7.94	0	8.81	2.95	5.61	8.92	13.33	14.51	16.38
其他支渠	1.83	28.79	0	31.94	10.71	20.34	32.34	48.35	52.65	59.40
二总干渠	3.75	58.97	0	65.41	21.94	41.65	66.24	99.03	107.82	121.65
老马颊河干渠	0.45	7.04	0	7.81	2.62	4.97	7.91	11.82	12.87	14.52
东一干渠	0.47	7.35	0	8.15	2.73	5.19	8.25	12.34	13.43	15.15
东二干渠	0.67	10.51	0	11.65	3.91	7.42	11.80	17.64	19.21	21.67
东三干渠	0.70	11.08	0	12.29	4.12	7.83	12.45	18.61	20.26	22.86
其他支渠	1.46	23.00	0	25.51	8.56	16.24	25.83	38.62	42.05	47.45

续表 5-6

渠系名称	1月上旬	1月中旬	1月下旬	2月上旬	2月中旬	2月下旬	3月上旬	3月中旬	3月下旬	4月上旬
输水总干渠	15.79	209.30	129.61	182.96	22.16	20.65	350.40	346.94	216.25	406.07
桑村干渠	5.47	72.55	44.92	63.42	7.68	7.15	121.45	120.25	74.95	140.74
南湖干渠	1.88	24.90	15.42	21.76	2.64	2.46	41.68	41.27	25.72	48.30
牛寨干渠	2.87	38.07	23.58	33.28	4.03	3.76	63.74	63.11	39.34	73.87
郑寨干渠	1.88	24.85	15.39	21.73	2.63	2.45	41.61	41.20	25.68	48.22
高铺干渠	1.02	13.52	8.37	11.82	1.43	1.33	22.63	22.41	13.97	26.23
安寨干渠	1.65	21.86	13.54	19.11	2.32	2.16	36.61	36.24	22.59	42.42
其他支渠	1.02	13.55	8.39	11.84	1.43	1.34	22.68	22.46	14.00	26.29
一总干渠	11.82	156.58	96.95	136.88	16.57	15.43	262.11	259.52	161.76	303.76
火厢干渠	0.51	6.77	4.19	5.92	0.72	0.67	11.33	11.22	6.99	13.13
濮水干渠	0.44	5.80	3.59	5.07	0.61	0.57	9.71	9.62	5.99	11.25
顺河干渠	0.93	12.29	7.61	10.74	1.30	1.21	20.57	20.37	12.70	23.84
焦夫干渠	0.37	4.86	3.01	4.25	0.51	0.48	8.13	8.05	5.02	9.43
大屯干渠	0.95	12.62	7.81	11.03	1.34	1.24	21.12	20.91	13.03	24.48
古城干渠	0.53	7.08	4.39	6.19	0.75	0.70	11.86	11.74	7.32	13.74
石村干渠	0.67	8.81	5.46	7.71	0.93	0.87	14.76	14.61	9.11	17.10
霍町干渠	0.71	9.47	5.86	8.28	1.00	0.93	15.85	15.69	9.78	18.37
西邵干渠	1.45	19.21	11.89	16.79	2.03	1.89	32.15	31.83	19.84	37.26
其他支渠	5.26	69.67	43.14	60.90	7.38	6.87	116.63	115.48	71.98	135.16
二总干渠	10.76	142.68	88.36	124.73	15.10	14.07	238.87	236.50	147.40	276.82
老马颊河干渠	1.28	17.03	10.55	14.89	1.80	1.68	28.51	28.23	17.59	33.04
东一干渠	1.34	17.77	11.01	15.54	1.88	1.75	29.75	29.46	18.36	34.48
东二干渠	1.92	25.42	15.74	22.22	2.69	2.51	42.56	42.13	26.26	49.32
东三干渠	2.02	26.81	16.60	23.44	2.84	2.64	44.89	44.45	27.70	52.02
其他支渠	4.20	55.65	34.46	48.64	5.89	5.49	93.16	92.24	57.49	107.96

续表 5-6

渠系名称	4 月中旬	4 月下旬	5 月上旬	5 月中旬	5 月下旬	6 月上旬	6 月中旬	6 月下旬	7 月上旬	7 月中旬
输水总干渠	344.53	197.29	588.78	492.24	395.73	442.31	376.97	398.94	286.52	0
桑村干渠	119.42	68.38	204.08	170.62	137.16	153.31	130.66	138.28	99.31	0
南湖干渠	40.98	23.47	70.03	58.55	47.07	52.61	44.84	47.45	34.08	0
牛寨干渠	62.68	35.89	107.11	89.55	71.99	80.46	68.58	72.57	52.12	0
郑寨干渠	40.91	23.43	69.91	58.45	46.99	52.52	44.76	47.37	34.02	0
高铺干渠	22.25	12.74	38.03	31.79	25.56	28.57	24.35	25.77	18.51	0
安寨干渠	35.99	20.61	61.51	51.42	41.34	46.21	39.38	41.68	29.93	0
其他支渠	22.30	12.77	38.11	31.86	25.62	28.63	24.40	25.82	18.55	0
一总干渠	257.74	147.59	440.48	368.24	296.04	330.90	282.00	298.44	214.35	0
火厢干渠	11.14	6.38	19.04	15.92	12.80	14.31	12.19	12.90	9.27	0
濮水干渠	9.55	5.47	16.32	13.64	10.97	12.26	10.45	11.06	7.94	0
顺河干渠	20.23	11.58	34.57	28.90	23.24	25.97	22.13	23.42	16.82	0
焦夫干渠	8.00	4.58	13.67	11.43	9.19	10.27	8.75	9.26	6.65	0
大屯干渠	20.77	11.89	35.49	29.67	23.85	26.66	22.72	24.05	17.27	0
古城干渠	11.66	6.68	19.93	16.66	13.39	14.97	12.76	13.50	9.70	0
石村干渠	14.51	8.31	24.80	20.73	16.67	18.63	15.88	16.80	12.07	0
霍町干渠	15.59	8.93	26.64	22.27	17.90	20.01	17.05	18.05	12.96	0
西邵干渠	31.61	18.10	54.03	45.17	36.31	40.59	34.59	36.61	26.29	0
其他支渠	114.68	65.67	195.99	163.85	131.72	147.23	125.48	132.79	95.38	0
二总干渠	234.87	134.50	401.39	335.56	269.77	301.53	256.97	271.96	195.33	0
老马颊河干渠	28.03	16.05	47.91	40.05	32.20	35.99	30.67	32.46	23.31	0
东一干渠	29.26	16.75	50.00	41.80	33.60	37.56	32.01	33.88	24.33	0
东二干渠	41.84	23.96	71.51	59.78	48.06	53.72	45.78	48.45	34.80	0
东三干渠	44.14	25.28	75.43	63.06	50.70	56.66	48.29	51.11	36.71	0
其他支渠	91.60	52.46	156.54	130.87	105.21	117.60	100.22	106.06	76.18	0

续表 5-6

渠系名称	7月 下旬	8月 上旬	8月 中旬	8月 下旬	9月 上旬	9月 中旬	9月 下旬
输水总干渠	100.58	94.72	156.26	256.56	344.29	234.79	443.04
桑村干渠	34.86	32.83	54.16	88.93	119.33	81.38	153.56
南湖干渠	11.96	11.27	18.59	30.52	40.95	27.93	52.70
牛寨干渠	18.30	17.23	28.43	46.67	62.63	42.71	80.60
郑寨干渠	11.94	11.25	18.55	30.46	40.88	27.88	52.61
高铺干渠	6.50	6.12	10.09	16.57	22.24	15.16	28.61
安寨干渠	10.51	9.89	16.32	26.80	35.97	24.53	46.28
其他支渠	6.51	6.13	10.12	16.61	22.29	15.20	28.68
一总干渠	75.24	70.86	116.89	191.94	257.56	175.64	331.42
火厢干渠	3.25	3.06	5.05	8.30	11.14	7.59	14.33
濮水干渠	2.79	2.63	4.33	7.11	9.54	6.51	12.28
顺河干渠	5.91	5.56	9.17	15.06	20.22	13.79	26.01
焦夫干渠	2.33	2.20	3.63	5.96	7.99	5.45	10.28
大屯干渠	6.06	5.71	9.42	15.47	20.75	14.15	26.71
古城干渠	3.40	3.21	5.29	8.68	11.65	7.95	14.99
石村干渠	4.24	3.99	6.58	10.81	14.50	9.89	18.66
霍町干渠	4.55	4.28	7.07	11.61	15.58	10.62	20.04
西邵干渠	9.23	8.69	14.34	23.54	31.59	21.54	40.65
其他支渠	33.48	31.53	52.01	85.40	114.60	78.15	147.47
二总干渠	68.56	64.56	106.52	174.90	234.70	160.06	302.03
老马颊河干渠	8.18	7.71	12.71	20.88	28.01	19.10	36.05
东一干渠	8.54	8.04	13.27	21.79	29.24	19.94	37.62
东二干渠	12.21	11.50	18.98	31.16	41.81	28.52	53.81
东三干渠	12.88	12.13	20.02	32.87	44.11	30.08	56.76
其他干渠	26.75	25.22	41.54	68.20	91.53	62.42	117.79

　　应用灌区水资源实时优化调度模型,对 1995～1996 年进行动态模拟配水,由模拟结果可以看出,实时预报系统及实时修正系统使得调度结果真正实现"适时"、"适量"灌溉,所得配水过程与实际情况吻合情况较好。

第 6 章　灌区水资源数据库管理系统

灌区水资源信息收集与管理是灌区管理工作中的一项重要内容,随着灌区管理工作日趋系统化、规范化和现代化,对水资源信息的数量、质量、空间性和实效性提出了更高的要求,因而建立一个功能完善、实用性强、运行可靠的灌区水资源信息系统,对于提高灌区管理的效率和决策水平,具有极其重要的作用。具有统一规划的数据库是本次研究的重点内容之一。实际上,数据库是开发一切系统的基础和核心,是存储数据的实体,是整个系统信息资源共享的基础。

6.1　管理信息系统概述

6.1.1　管理信息系统的概念、特征及发展

管理信息系统(Management Information System)的设想是由美国经营管理协会及其事业部于 20 世纪 60 年代提出的,其目的是使各级管理部门均能快速准确地了解本单位的一切有关经营信息。但由于当时软、硬件水平限制及开发方法的落后,成效甚微。80 年代以来,随着各种技术的成熟,MIS 概念逐渐得以充实和完善并作为一个科学领域进行研究。

管理信息系统是一个由人、计算机等组成的能进行管理信息收集、传递、储存、加工、维护和使用的系统。G. B. Davids 认为"一个比较普遍的数据处理系统加上一个数据库、数据检索功能以及一两个计划或决策模型,就可以看做是 MIS 了"。管理信息系统能实测企业的各种运行情况,利用过去的数据预测未来,从全局出发辅助进行决策,利用信息控制企业的行为,帮助实现其规划目标。MIS 是为决策科学化提供应用技术和基本工具,为管理决策服务的信息系统。就其功能来说,管理信息系统是组织理论、会计学、统计学、数学模型及经济学的混合物,这许多方面都同时展示在先进的计算机硬件和软件系统中。

由上述管理信息系统的定义,可看出管理信息系统具有如下特点:

(1)面向管理决策。管理信息系统是继管理学的思想方法、管理与决策的行为理论之后的一个重要发展,它是一个为管理决策服务的信息系统,它必须能够根据管理的需要,及时提供所需要的信息,帮助决策者做出决策。

(2)综合性。从广义上说,管理信息系统是一个进行全面管理的综合系统。一个企业或部门在建立管理信息系统时,可根据需要逐步应用个别的子系统,然后进行综合,最终达到综合管理的目的。

(3)人机系统。管理信息系统的目的在于辅助决策,而决策只能由人来做,因而管理信息系统必然是一个人机结合的系统。在管理信息系统开发中要根据这一特点,界定人和计算机在系统中的地位与作用,充分发挥各自的长处,使系统整体性能达到最优。

(4)现代管理方法和手段相结合的系统。管理信息系统要发挥其在管理中的作用，就必须要与先进的管理手段和方法结合起来，在开发管理信息系统时要融进现代化的管理思想和方法。

(5)多学科交叉的边缘学科。管理信息系统作为一门新学科，产生较晚，其理论体系尚处于发展和完善过程中。早期研究者从计算机科学与技术、应用数学、管理理论、决策理论、运筹学等相关学科中抽取相应的理论，构成管理信息系统的理论基础，从而形成一个有鲜明特色的边缘学科。

随着数据库技术、网络技术和科学管理方法的发展，信息系统也得到了长足的发展。以麻省理工学院的 S. Morton 为代表，在管理信息系统的基础上又提出了决策支持系统 (Decision Supporting System, DSS)的概念，支持决策是 MIS 的一项重要内容，因此 DSS 是 MIS 的重要组成部分，它以管理信息系统为基础，是管理信息系统功能上的延伸，可以认为 DSS 是管理信息系统发展的新阶段。管理信息系统是一个不断发展的概念，20 世纪 90 年代以来，DSS 与人工智能、计算机网络技术等结合形成了智能决策支持系统(Intelligent DSS, 简称 IDSS)和群体决策支持系统(Group DSS, 简称 GDSS)。相信随着数据库技术、网络技术和科学管理方法的进一步发展，管理信息系统也会得到进一步发展。

6.1.2　管理信息系统的结构

从概念上，管理信息系统由 4 个部件构成：信息源、信息处理器、信息用户和信息管理者。它们的联系如图 6-1 所示。信息源是信息的产生地；信息处理器负担信息的传输、加工、保存等任务；信息用户是信息的使用者，利用信息进行决策；信息管理者负责信息系统的设计、实现和维护。

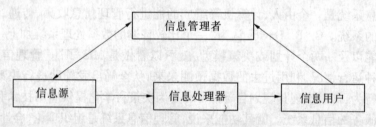

图 6-1　管理信息系统总体结构

一个完善的管理信息系统具有以下 4 个标准：确定的信息需求、信息的可采集与可加工、可以通过程序为管理人员提供信息、可以对信息进行管理。具有统一规划的数据库是 MIS 成熟的重要标志，它象征着 MIS 是软件工程的产物。

6.1.3　管理信息系统的主要任务

管理信息系统辅助完成企业日常结构化的信息处理任务，一般认为 MIS 的主要任务有如下几方面：

(1)对基础数据进行严格的管理，要求计量工具标准化、程序和方法的正确使用，使信息流通渠道顺畅。有一点要明确，"进去的是垃圾，出来的也是垃圾"，必须保证信息的准确性、一致性。

（2）确定信息处理过程的标准化，统一数据和报表的标准格式，以便建立一个集中统一的数据库。

（3）高效低能地完成日常事务处理业务，优化分配各种资源，包括人力、物力、财力等。

（4）充分利用已有的资源，包括现在和历史的数据信息等，运用各种管理模型，对数据进行加工处理，支持管理和决策工作，以便实现组织目标。

6.1.4　管理信息系统的开发方法

管理信息系统的开发是一个复杂的系统工程，它涉及计算机处理技术、系统理论、组织结构、管理功能、管理知识等各方面的问题，至今没有一种统一完备的开发方法。但是，每一种开发方法都要遵循相应的开发策略。而任何一种开发策略都要明确以下问题：

（1）需求分析。即系统要解决的问题，如采取何种方式解决组织管理和信息处理方面的问题，对企业提出的新的管理需求该如何满足等。

（2）系统可行性研究，确定系统所要实现的目标。通过对企业状况的初步调研得出现状分析的结果，然后提出可行性方案并进行论证。系统可行性的研究包括目标和方案的可行性、技术的可行性、经济方面的可行性和社会影响方面的考虑。

（3）系统开发的原则。在系统开发过程中，要遵循领导参与、优化创新、实用高效、处理规范化的原则。

（4）系统开发前的准备工作。做好开发人员的组织准备和企业基础准备工作。

（5）系统开发方法的选择和开发计划的制定。针对已经确定的开发策略选定相应的开发方法，是结构化系统分析和设计方法，还是选择原型法或面向对象的方法。开发计划的制定是要明确系统开发的工作计划、投资计划、工程进度计划和资源利用计划。

MIS 开发方法主要有结构化生命周期开发方法、原型法、面向对象的开发方法等。

6.1.4.1　结构化生命周期开发方法

目前较为流行的 MIS 开发方法是结构化生命周期开发方法，其基本思想是：用系统的思想和系统工程的方法，按用户至上的原则，结构化、模块化地自上而下对生命周期进行分析与设计。

用结构化生命周期开发方法开发一个系统，将整个开发过程划分为 5 个依次连接的阶段：

（1）系统规划阶段，主要任务是明确系统开发的请求，并进行初步的调查，通过可行性研究确定下一阶段的实施。系统规划方法有战略目标集转化法（Strategy Set Transformation，SST）、关键成功因素法（Critical Success Factors，CSF）和企业规划法（Business System Planning，BSP）。

（2）系统分析阶段，主要任务是对组织结构与功能进行分析，理清企业业务流程和数据流程的处理，并且将企业业务流程与数据流程抽象化，通过对功能数据的分析，提出新系统的逻辑方案。

（3）系统设计阶段，主要任务是确定系统的总体设计方案，划分子系统功能，确定共享数据的组织，然后进行详细设计，如处理模块的设计、数据库系统的设计、输入输出界面的设计和编码的设计等。该阶段的成果为下一阶段的实施提供了编程指导书。

（4）系统实施阶段，主要任务是讨论确定设计方案，对系统模块进行调试，进行系统运行所需数据的准备，对相关人员进行培训等。

（5）系统运行阶段，主要任务是进行系统的日常运行管理，评价系统的运行效率，对运行费用和效果进行监理审计，如出现问题则对系统进行修改、调整。

这5个阶段共同构成了系统开发的生命周期。结构化生命周期开发方法严格区分了开发阶段，非常重视文档工作，对于开发过程中出现的问题可以得到及时的纠正，避免了出现混乱状态。但是，该方法不可避免地出现开发周期过长、系统预算超支的情况，而且在开发过程中用户的需求一旦发生变化，系统将很难作出调整。

6.1.4.2　原型法

原型法在系统开发过程中也得到不少应用。原型法的基本思想是系统开发人员凭借自己对用户需求的理解，通过强有力的软件环境支持，构造出一个实在的系统原型，然后与用户协商，反复修改原型直至用户满意。原型法的应用使人们对需求有了渐进的认识，从而使系统开发更有针对性。另外，原型法的应用充分利用了最新的软件工具，使系统开发效率大为提高。

6.1.4.3　面向对象系统开发方法

面向对象的系统开发方法(Object Oriented, OO)，是近年来受到关注的一种系统开发方法。面向对象的系统开发方法的基本思想是将客观世界抽象地看成是若干相互联系的对象，然后根据对象和方法的特性研制出一套软件工具，使之能够映射为计算机软件系统结构模型和进程，从而实现信息系统的开发。

6.2　管理信息系统在我国水资源管理中的应用

6.2.1　我国管理信息系统的发展现状

就我国而言，早在1984年，邓小平同志就提出"开发信息资源，服务四化建设"，江泽民同志也曾明确指出"四个现代化，哪一化也离不开信息化"。自改革开放以来，随着信息技术在企业的应用，我国企业管理在信息化方面取得了阶段性成果。企业管理信息化经历了从会计电算化（20世纪80年代中期至1995年）、财务业务一体化阶段（1995～1997年）到从财务管理软件或制造资源计划转向企业资源计划阶段（1997年至今）。目前在我国300家国家重点企业中，80%以上已建立办公自动化系统和管理信息系统，70%以上接入互联网，50%以上建立了内部局域网。企业管理信息化正在全国全面展开，不仅使管理水平迈上了一个新的台阶，而且大大地转变了企业的思想观念，转换了企业的运作机制，提高了企业综合竞争力。企业管理信息化是新时期加强和改善企业管理的重要基础，是推进企业管理创新、实现企业持续快速发展的重要途径。面对加入WTO后的挑战，企业管理信息化已成为提升市场竞争力必须率先抢占的制高点，是企业走向国际市场的通行证。

对于政府而言，在信息时代，政府政务工作的优劣已经在无形中置于社会的广泛监督之下。因此,利用信息技术极大地优化社会管理工作中的决策行为,尽可能广泛地提升政府对社会的服务功能,为公民创造公平公正的生存环境,并为最大多数人谋利益,树立政府的良好形象,也已经成为世界上许多具有人类理性思维国家的政府建设目标。中国中央政府早在 20 世纪 80 年代就开始制定一系列推动政府信息化和发展电子政务的方针政策,启动了以政务信息化为主要内容的"海内工程",并实施了一系列国家级的"金"字头为代表的信息化建设工程(金桥、金关、金卡、金税等),取得了不少成绩。2001 年以来,许多地方政府都将国民经济和社会信息化作为"十五"规划的重要内容,上海、深圳、广州、天津等沿海城市纷纷将政府管理信息系统及电子政务的建设作为信息化建设的核心内容,并采取相应的措施积极推动政府信息系统的建设。如北京市的具体目标是:力争用几年时间,初步实现政府面向企业和市民的审批、管理及服务业务在网上进行,政府内部初步实现电子化和网络化办公。

尽管管理信息系统在我国起步已有十多年历史,我国整体信息化的进程也正处于轰轰烈烈的推行发展之中,但在这其中还存在不少问题,目前大部分的应用还处于起步和低水平阶段,使用极不平衡,这表现在:单机使用占大部分,其使用仅限于打印文件、报表;企业管理决策和控制功能仍是决策者的个人行为,没有用计算机网络进行;企业管理人员对 MIS 认识不足,可有可无,流于形式;企业建立的所谓 MIS 没有发挥作用,没有效益,甚至得不偿失;管理人员计算机知识缺乏,不能正常使用等。

6.2.2　信息化是水资源管理现代化的前提

信息技术是影响全球经济的核心技术,信息化则是衡量一个国家现代化和综合国力的重要标志,水利是国民经济的基础产业,同时也是一个信息密集型行业,在科学技术飞速发展的今天,信息化不仅是水资源管理面临的新的形势和要求,也是水资源管理现代化的前提。同时,随着知识经济的到来和信息技术的日益更新,水管理部门对信息管理和信息共享的要求越来越高。一方面,水管理部门要向国家和相关行业提供大量的及时的信息,包括汛情旱情信息、水质水量信息、水环境信息和水利工程信息等;另一方面,水管理本身也离不开相关行业的信息支持,包括流域区域经济信息、生态环境信息、气候气象信息、地球物理信息、地质灾害信息等。所以,加速水资源管理信息化建设,既是水管理本身现代化建设的需要,也是国民经济信息化建设的重要组成部分。

6.2.3　管理信息系统在水资源管理中的应用

管理信息系统在国外很早就有了应用,特别是 20 世纪 80、90 年代,由于计算机技术和数据库技术的飞速发展,管理信息系统的研制更为完善和成熟,功能也越来越强大,而其在水资源方面的应用也越来越多。

1988 年 H. U. Khan、S. M. khan 和 T. Husain 为沙特阿拉伯王国水利农业部水资源开发部开发研制国家地下水计算机数据库管理系统。该系统存储了井位、水文地质和气候三方面的数据,井位包括井的一般信息、井的结构、井的出水量资料;水文地质包括地质、含水层、水文、水位、水质资料;气候包括降水和地面径流资料。

1989 年美国密执安州大学水资源系 Bartholic. J 和 Vienx. B 研制了美国密执安州内陆

水资源环境管理系统。结合空间信息系统技术和有限元法,建立了密执安州数据库。1990 年在美国社会经济发展部水资源部门的专门服务协议支持下,J. Karanjac 和 D. Braticeivic 研制出美国地下水软件(UNGWS)。该软件建立了地下水数据库,包括地下水化学、抽水实验、水位、井结构等内容,并以图表形式输出这些资料。

如上所述,信息化是水资源管理现代化的前提,而正是水管理信息化要求的推动,使管理信息系统在我国的水资源管理方面的应用得到了飞速的发展。

6.2.4　水资源管理信息系统的发展趋势

综观近年来国内外水资源管理信息系统的研究成果,可以发现以下的发展趋势:

(1)信息多元化。随着遥感、卫星及雷达等技术和地理信息系统(GIS)的应用,提供了多元化的更丰富和更准确的信息,如防汛抗旱信息等。卫星和雷达信息的引进,不仅弥补了地貌观测信息的不足,而且提高了信息的准确度和可靠性。而地理信息系统(GIS)的应用,推进了"数字化"流域,从而使流域的规划、开发和管理全面实现信息数字化。

(2)信息的快速传递和资料共享。先进的通信技术和计算机网络技术的高速发展,使得信息传输数字化、网络化,大大提高了信息传输的时效性,提高了信息的利用率。而互联互通的计算机网络,大大提高了资料的共享程度,提高了资料的利用率。

(3)信息处理快速化、可视化。计算机性能的不断提高和 GIS、多媒体技术的应用,使得信息处理速度快、可视化程度高、表现直观,增强了决策支持的能力。

(4)信息安全保障。应用各种先进的网络安全技术、数据加密技术,确保了信息的保密和安全。

6.3　系统的总体设计研究

系统总体设计研究是开发管理信息系统的关键环节之一,它的工作质量直接关系到系统的质量和工作效率,系统的设计除了必须满足系统所直接要求实现的各项功能外,还必须满足系统可靠性、可变更性、系统效率和通用性等一系列的目标。

6.3.1　系统主要研究内容

结合如上所述灌区水资源管理信息系统的内容和水资源管理工作的内容与功能,系统主要研究内容如下:

(1)完成系统总体设计研究。根据灌区水资源管理工作内容、用户现有网络及软硬件现状和用户对系统性能要求,来选用合适的开发工具及数据库工具,构建灌区水资源管理信息系统平台,实现灌区水资源管理工作的动态信息化管理。

(2)进行数据库设计研究。结合灌区水资源管理工作中涉及面广、信息量大、数据类型复杂且相互之间联系紧密的特点,在认真调研和听取用户意见的基础上进行需求分析,定义数据库整体结构,完成数据库设计工作。数据库的设计和代码编制既要符合灌区水资源科学管理的要求,又要结合灌区的实际情况等特点。

(3)实现空间数据可视化。以 GIS 为平台,建立灌区水资源地理信息数据库,利用

GIS 的空间数据管理、空间数据分析、时域数据分析等功能,以及可视化技术,集成本研究的数据库和模型库,使开发软件具有更强的实用性。

（4）对未来需水进行预测分析。将原有的分散的水资源信息和有关的信息,经过标准化、规范化处理,统一形成整体,并对其进行科学的分析,从而更好地把握灌区的水资源供需现状,及时、合理地预测未来供需水情况,为灌区管理部门对水资源实施宏观调控、优化调度、合理地分配有限的水资源等决策提供科学的依据。

（5）统计查询功能的研究与实现。根据灌区水资源管理中多种查询统计要求、生成报表的需求,开发功能强大的动态查询统计工具,提供各种统计、汇总报表的打印功能,提高效率,实现办公自动化。

6.3.2　系统的总体设计方案

根据系统的研究内容和所要完成的功能,系统主要分为以下 4 大部分:

（1）基本数据库管理系统。

（2）空间数据的动态显示系统。

（3）灌区水资源实时调度系统。

（4）灌区水务管理系统。

6.3.3　系统的开发方法及开发过程

如前所述,管理信息系统 MIS 开发方法主要有结构化生命周期开发方法、原型法、面向对象的开发方法等,而各种方法各有其优点和缺点,在具体设计时应根据不同情况选择不同的方法。由于灌区水资源管理信息系统的开发是一项涉及面广、工作量大、探索性强的工程项目,同时考虑到总系统和子系统不同的特点,总系统采用生命周期法进行开发,而每个子系统则根据自己的实际情况采用不同的开发方法,即确定了本系统的开发采用生命周期法和快速原型法相结合的开发方法。

本系统开发阶段的划分沿用生命周期法的划分方法,分为系统可行性研究、系统分析、系统设计、编码和调试、运行维护 5 个阶段,每一阶段的目标明确,利于开发过程的管理。在对系统进行分析和设计时,为了缩短开发时间并及时了解用户信息反馈,则结合快速原型的方法,迅速构造出系统的一个原型,着重考虑原型系统应充分反映的用户主要需求,暂时忽略一切次要的内容,原型建立后迅速交付下一步骤,以后随着与用户的不断交流逐步完善原型系统,直至用户满意,图 6-2 为整个系统的开发过程。

（1）系统可行性研究。这一阶段的任务是在高层次探讨系统的粗略方案基础上,提出系统的总目标,确定系统的范围。

（2）系统分析。解决系统"做什么"的问题,在内容上有两层含义:对现存系统的分析;对将来要建立的系统的分析。主要进行用户分析、功能需求分析、数据分析三个方面。

（3）结构分析。由于用户不同、功能需求不同、数据来源和应用范围不同,反映在系统的结构方面也会有所差别。但一般由 4 部分组成:硬件平台、软件平台、地理空间数据及数据的组建方式。

（4）系统的设计。系统设计是研究"怎么做"的问题,设计的任务是提出开发方案,以

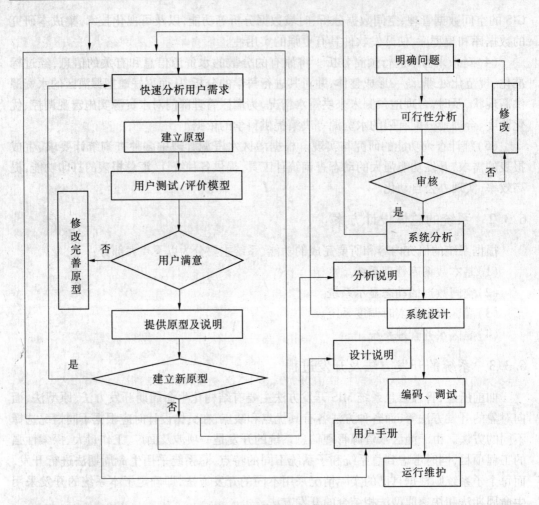

图 6-2　系统的开发过程

实现系统分析提出的功能需求。该系统的设计涉及数据库的设计、模型库的设计及可视化界面的实现技术等。

（5）系统的编码、调试：系统设计阶段完成后，进入系统的编码、调试阶段，编码的任务是按照确定的系统方案编制程序，包括系统用户界面的设计、数据库的生成及编程、GIS功能编程；调试是保证系统质量的重要手段，系统的调试应先局部后整体，逐个解决，把问题逐步解决在较低的层次下。

（6）系统的运行维护：系统调试结束后，即可进入正常的运行维护阶段，在此阶段中，用户可不断地反馈信息，以促进系统的继续完善。

6.3.4　系统软件环境

对于管理信息系统的开发而言，合适地配置计算机软件环境使得系统可以安全、可靠、高效地工作。另外在开发过程中开发工具的选择对于系统性能、开发工作的难易以及系统今后的兼容性、可维护性和扩展性都有重要意义。

6.3.4.1　数据库平台选用

大型数据库产品一般都运行在由工作站、数据库服务器组成的网络上,采用客户机/服务器结构,具有复杂的数据安全性、完整性和故障恢复能力。常见的大型数据库产品有 Oracle、Sybase、Informix、DB2 以及 SQL Server 等。

Oracle 是最为成功的大型数据库产品之一,在处理大型数据库时受到广泛的应用,占领了大型数据库很大的市场份额。它提供了能够集成不同计算机、不同操作系统、不同的网络和数据库管理系统等资源的分布式数据库管理系统。Oracle 主要使用 Develop/2000 和 Designer/2000 作为应用程序开发工具。

Sybase 是世界上第二大数据库产品厂商,是目前少数获得 ISO 9000 和 ISO 9001 质量认证的软件厂商之一,Sybase 产品吸收了许多现有关系数据库的成熟技术,实现了真正的开放互动及分布式数据管理, Sybase 包括 Sybase SQL Server 等多个产品,采用 PowerBuilder 为应用程序开发工具,开发效率较高。

Informix 是在全球首家推出应用于 UNIX 系统的关系型数据库产品的厂商。Informix 由数据库服务器、连接产品、最终用户信息访问工具和应用程序开发工具共 4 类将近 30 个产品组成。

IBM 的 DB2 数据库管理系统是推出时间较早的大型数据库管理系统,其基本结构和其他大型数据库管理系统基本相似,包括服务器和可视化管理工具等多个产品,管理数据库较为简单方便,占据大型数据库市场尤其是 UNIX 数据库市场的很大份额。

Microsoft SQL Server 和上面几种数据库产品比较来说,应用于数据量相对较少的场合,MS SQL Server 是为 Windows NT 设计的,具有 Windows NT 的许多优点,并成为 Microsoft BackOffice产品的重要组成部分,它采用单进程、多线程技术,在核心层实现数据完整性控制,安全性与 Windows NT 的安全性紧密结合在一起,具有很强的安全保密性。SQL Server 2000 数据吞吐量居中,具有良好的可伸缩性、可用性和可管理性,组建系统和购买 MS SQL Server 的价格都比较便宜。其中 SQL Server 和 Oracle、DB2 数据库平台的比较见表 6-1。

表 6-1　MS SQL Server 和 Oracle、DB2 数据库比较

项目	MS SQL Server	Oracle	DB2
开放性	只在 Windows 上运行,开放性很低,操作系统的稳定对数据库是十分重要的,NT server 适合中小型企业应用	能在所有主流平台上运行,完全支持所有的工业标准,采用完全开放策略。可以使客户选择最适合的解决方案,对开发商全力支持。	能在所有主流平台上运行,最适于海量数据。DB2 在企业级的应用最为广泛
客户端支持及应用模式	C/S 或 B/S 结构,Windows 客户,支持用 ADO、DAD 连接 OLEDB、ODBC	多层次网络计算,支持多种工业标准,可以用 ODBC、JDBC、OCI 等与客户连接	跨平台,多层结构,支持 ODBC、JDBC 等客户
可操作性	操作简单,但只有图形界面	操作较复杂,同时提供 GUI 和命令行, 在 Windows NT 和 UNIX 下操作相同	操作简单,同时提供 GUI 和命令行,在 Windows NT 和 UNIX 下操作相同

续表 6-1

项目	MS SQL Server	Oracle	DB2
性能	数据量和客户数相对较少的场合具有较高性能	性能最高，保持了 Windows NT 下的 TPC – D 和 TPC – C 的世界纪录	适用于数据仓库和在线事物处理,性能较高
价格	相对便宜	高	高
安全性	结合 Windows NT 具有较好的安全性	获得最高认证级别的 ISO 标准认证,安全性好	获得最高认证级别的 ISO 标准认证,安全性好

根据表 6-1 的比较可见,尽管 MS SQL Server 数据库平台在某些性能上不如 Oracle 或 DB2 平台,但考虑到系统整体数据量的要求、成本控制以及操作系统平台与数据库平台的兼容性,再结合操作系统平台的易操作及可维护性,决定选用 Microsoft 公司的 SQL Server 2000 加 Windows NT4.0 的服务器数据库平台。

6.3.4.2　数据库应用程序开发工具选择

数据库应用程序开发工具分为两类:一类是数据库厂商提供的专用开发工具;另一类是由第三方提供的通用数据库开发工具。专用开发工具由数据库产品厂商提供,专门针对自己的产品设计,不便于或不能开发基于其他数据库产品的应用程序。通用数据库开发工具分为两种:一种是通用程序开发工具,能够开发几乎所有的程序,比如 Microsoft 公司的 Visual Basic、Borland 公司的 Delphi 等均是不错的数据库开发工具;另一种是和数据库产品无关的专用数据库开发工具,如 Power soft 公司的 Power Builder。

Visual Basic 是一个通用程序开发工具,但具有强大的数据库访问能力而且由于其本身具有可视化编程、功能强大、实用简单等优点,常常被用于数据库应用程序的开发。Visual Basic 中还提供了管理数据库对象和创建报表的工具,并且使用简单方便。

Delphi 也是一种通用的程序开发工具,其编程方法和 Visual Basic 有点相似,也常常被用于数据库应用程序开发。Delphi 提供了一整套控件可以方便地访问数据库对象,从而建立数据库应用程序。Delphi 支持客户机/服务器模式,通过 BDE（Borland Database Engine）,几乎可以存取所有类型的数据库。

Power Builder 是目前最具有代表性的面向对象的数据库开发工具,最大的特点是其开发独立于数据库,非常方便系统的移植。

综上比较,由于本管理信息系统操作系统采用 Microsoft Windows NT Server 4.0,数据库平台采用 Microsoft SQL Server 2000,考虑到 Microsoft Visual Basic 与其他微软产品结合性更趋紧密,且开发界面友好,具有强大的数据库开发接口,因此数据库应用程序开发工具我们选择 Microsoft Visual Basic 6.0。

6.3.5　系统硬件环境

整个管理信息系统的计算机硬件选择取决于数据的处理方式和所要运行的软件。信息化管理对计算机的基本要求是速度快、容量大、操作灵活方便,但计算机的性能越高,其价格也就越昂贵,因此在计算机硬件的选择上需要进行全面考虑。在计算机的机型选择上主要包括了计算机 CPU 时钟频率、计算机主存、显示方式、输入输出和通信的通道数目以及外接存储设备及其类型等。

　　从系统成本和性能要求综合考虑,本系统采用如下的服务器以及工作站配置。服务器参考配置:CPU,PENTIUM Ⅳ;主频,667～933MHz(133MHz);二级缓存,256～512K;内存,128M;显示器,17″;光驱,CDRW;网卡 CACHE/10-100M。

6.4　数据库设计流程和原则

6.4.1　数据库设计流程

　　分析数据库设计的全过程,主要可以把它分成系统性能分析、概念模式设计、逻辑模式设计和物理结构设计 4 个阶段。数据库设计的基本步骤如图 6-3 所示。

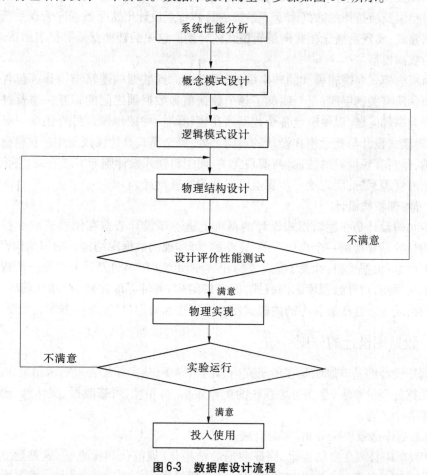

图 6-3　数据库设计流程

6.4.1.1　系统性能分析

　　对系统的性能进行分析,其主要目的是在详细调查的基础上确定系统各个功能对数据库结构及内容的要求,这主要包括:分析系统其他功能对信息的需求,从而可得出数据库中需要存储哪些数据;分析数据加工的需求,分析对数据需要进行哪些加工处理、查询和相应时间的要求以及数据库的保密性、安全性、完整性的要求;分析系统的约束条件,分析研究区现有的规模、结构、资源和地理分布等限制条件。

6.4.1.2　概念模式设计

这一步骤的主要任务是根据对系统分析的结果,用概念型数据模型将系统所需要的数据库功能明确地表达出来。概念型数据模型是一种面向问题的数据模型,它描述了从系统功能方面看到的数据库,反映了系统的现实环境,但与数据库怎样实现无关。概念型数据模型在系统和系统设计人员之间起到了一种桥梁的作用,一方面它反映了系统功能的需求,另一方面它又是设计数据结构的基础。用于建立概念型数据模型的方法有许多种,目前使用较多的是实体联系模型方法(E-R方法)。

6.4.1.3　逻辑模式设计

逻辑模式设计的主要任务是设计数据的结构。在这一步骤中根据第二步得到的概念型数据模型以及所选择的数据库管理系统的具体特点设计出这个数据库管理系统能够支持的数据模式,实现由概念模式向逻辑模式的转换。这里的转换就是要把表示概念的 ER 图转化为数据模型。

在由概念模式向逻辑模式的转换中,必须要考虑到数据的逻辑结构是否包含了在处理中需要的所有关键字段,是否明确了各个数据项和数据项之间的相互关系及各个数据项的使用频率等问题,以便确定各个数据项在逻辑结构中的地位。另外还有一点必须注意,即逻辑模式设计与概念模式设计的不同之处:概念模式设计仅仅是用户对信息需求的综合归纳,是对客观世界的描述,与实现无关,而逻辑模式设计则与实现有关,它依赖于具体的数据库管理系统,所以这一步骤也可以称为实现设计。

6.4.1.4　物理结构设计

物理结构设计是在逻辑模式设计的基础上进一步设计数据存储模式的一些物理细节。它的目的是要得到一个高效率的、完整的、可实现的数据库结构。物理结构设计主要包括以下内容:根据逻辑(概念)模式、数据库管理系统(DBMS)及计算机系统所提供的手段和施加的限制,设计数据库的内模式,即文件结构、各种存取路径、存储空间的分配、记录的存储格式等。这些数据库的内模式尽管不直接面对用户,但对数据库性能影响很大。

6.4.2　数据库设计的原则

数据库设计的基本原则是在所研究内容的指导下,从实际的管理需求出发,按照各个功能对数据处理的要求,全面考虑系统的运行效率、可靠性、可修改性、灵活性、通用性和实用性等各个方面。

(1)数据库必须层次分明,布局合理。

(2)数据库必须高度结构化,保证数据的结构化、规范化和标准化,这是建立数据库和进行信息交换的基础。数据结构的设计应该遵循国家标准和行业标准,尤其要重视编码的应用。

(3)在设计数据库的时候,一方面要尽可能地减少冗余度,减少存储空间的占用,降低数据一致性问题发生的可能性,另一方面,还要考虑适当的冗余,以提高运行速度和降低开发难度。

(4)必须维护数据的正确性和一致性。在实际应用中多个用户共享数据库,由于并发操作,可能影响数据的一致性。因此必须用"锁"等办法保证数据的一致性。

(5)设定相应的安全机制。由于数据库的信息对特定的用户有特定的保密要求,安全机制必不可少,可以采用在主键中加入用户信息的办法。

6.5　灌区水资源实时调度系统

6.5.1　系统中数据库功能

根据灌区的特点和所研究内容的要求,可以看出,数据库开发涉及学科众多,结构复杂,关键技术密集,建库建模量大,为保证所建系统结构完整,开发工作顺利进行,本次研究中所采用的数据库结构在开发上采用面向对象的程序设计技术,基于 Windows 操作平台上建立全部系统模块,注重标准性和通用性,力求系统操作简便、信息丰富,易于扩充和维护。

根据水资源管理的要求,数据库的基本功能包含数据获取和预处理、数据管理、数据的显示与输出、查询、排序、删除等功能。

6.5.1.1　数据获取和预处理

数据获取主要是信息采集和信息输入,建立包括属性数据和空间数据的水资源信息数据库,数据预处理的主要目的是消除数字化过程中的错误、修改或更新数据、数据格式转换、比例尺转换等。

6.5.1.2　数据管理

绝大多数水资源数据具有时空变化特征,即同时具有属性数据、位置数据和时间数据,水资源决策支持系统区别于一般商业化数据库管理系统的特征之一就是它具有复杂的空间信息形态和超大量的数据,因此也应该具有较强的数据管理能力。

6.5.1.3　数据的显示和输出

数据信息的显示是系统最基本的功能,为了便于用户了解并作出决策,则要求系统能将所需信息尽可能以不同的形式及不同的组合方式显示出来。

数据显示输出方式有:

(1)统计图表,即生成各种统计图形和报表,主要是针对属性数据而言的;

(2)直观显示图形和属性数据组合,是人机交互的重要手段;

(3)产生可拷贝或打印的图形或图表,是保存、传达信息和决策结果的重要手段;

(4)产生计算机数据文件或图形文件,具有信息交换、保存、备份的作用。

6.5.1.4　查询功能

查询是针对某种条件选择出满足要求的数据或地理对象来,以深入进行统计、分析等的过程。有条件查询、逻辑查询、空间查询等。空间查询就是利用空间的拓扑关系进行查询;条件查询就是用户根据自己的查询条件对空间或属性数据进行查询,如查询降水量在一定范围内的所符合条件的所有年份。

数据库系统的查询操作一般是通过结构化查询语言 SQL(Structured Query Language)来实现的,SQL 语言是集数据操纵(Data Manpulation)、数据定义(Data Definition)与数据控制(Data Control)为一体的关系数据语言。查询则是数据操纵语言中最主要的部分,SQL 语言只使用命令动词 SELECT,其说明见表 6-2。

表 6-2 所示的 SELECT 语句是最基本的数据库查询方法,只要能够对数据库操作,就可以实施所需的查询。但这种方法要求操作者对数据库的结构有充分的了解,显然这对普通的用户来说要求有些过高。

表 6-2　SELECT 语言一般格式说明

SELECT 语句一般格式	语句定义	格式说明
SELECT(目标列) FROM(基本表(或视图)) [WHERE{条件表达式}] [GROUP BY⟨列名 1⟩][HAVING⟨内部表达式⟩] [ORDER BY 列名 2] ASC[DESC]	根据 WHERE 子句中的表达式,从基本表(或视图)中找出满足条件的元组,被 SELECT 子句中的目标列,选出元组中的分量形成表;GROUP 子句将结果按照列名 1 进行分组,每个组产生结果表中的一个元组;ORDER 子句使结果表按照列名 2 升序或降序排列	()中的内容为根据需要的具体内容;[ ]中的内容为可选项

在本系统中,考虑到查询的重点相对较为固定和使用者的计算机应用水平,为了方便查询,开发了相对固定的查询方式,并且提供了单条件查询和多条件组合查询、模糊查询能力,预先经过需求分析确定了灌区水资源管理中常用的查询字段,如年降水量、旬灌水量等,并直接在系统查询界面上通过下拉选择框提供大量查询条件(字段)以供选择,这些供选择的字段和数据库中的字段相关联,用户只需选择字段即可进行查询。同时在查询系统中提供的关系有" >"(大于)、" > ="(大于等于)、" <"(小于)、" < ="(小于等于)、" ="(等于)、" < >"(不等于),还提供了与(And)和或(Or)运算符来匹配查询条件,执行一次查询操作可以匹配多项查询条件进行组合查询。如图 6-4 所示。

6.5.1.5　排序、删除等功能

排序和删除功能与查询功能使用方法类似。使用排序功能时用户首先选择所要排序的字段,然后可以选择从大到小排列也可以选择从小到大排列。使用删除功能时,可以删除当前数据也可以删除当前数据以后的几条数据,并弹出对话框确认是否要删除数据,以免用户误操作。

另外数据库中还具有添加一条数据或几条数据等多种功能。

6.5.2　系统中数据库设计

本次研究所需要的数据库包括属性数据库和空间数据库:属性数据库主要是管理与系统目标功能密切相关的大量文字、数表信息等数据,以数据库、表的形式进行管理。空间数据库主要是管理与空间位置有关的地物数据。把属性数据库和空间数据库通过相关关系进行关联,在系统中实现两库一体的功能。

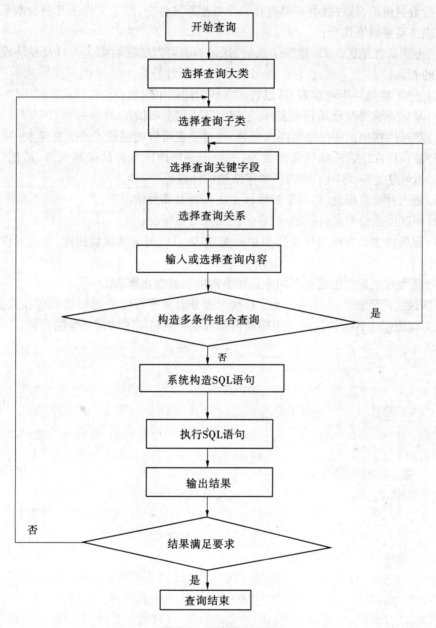

图 6-4　系统查询流程

　　属性数据库主要存储与空间位置没有直接关系的代表特定地理意义的数据,它们既可以是独立于专题地图的社会经济统计数据,也可以是与专题地图相关表示地物类别、数量、等级的字符串或数字。此外,系统量算得到的面积、长度等指标也作为属性数据管理。

　　本系统的属性信息包括与灌区生产管理调度有关的统计数据和灌区空间图形中各实体的属性数据两种,采用关系型数据库 Microsoft Access 2000 来管理属性数据。Access 是 Visual Basic 内嵌的数据库,Visual Basic 中的数据控件使用 Microsoft 的 Jet 数据库引擎与 Microsoft Access 所用的数据库引擎相同,能快捷方便地访问 Access 数据库。它采用表的

方式进行数据组织,各种数据表都存在一个数据库文件中,便于文件的管理。本系统建立的属性表主要有以下几个:

(1)灌区所在地区人口、经济信息表,通过该表可以实现对灌区人口及经济现状等基本情况的查询;

(2)土地、耕地利用现状表,可以查询灌区土地使用现状;

(3)灌区土壤类型及其分布表,可了解灌区土壤分布情况;

(4)灌区所在地区历年来年降水量表,通过该表可以查询灌区的历史降水;

(5)灌区所在地区长期气象参数表,主要记录该地区每旬的最高气温、最低气温、平均气温、相对湿度等,可用于作物参考需水量的计算;

(6)灌区种植结构表,可以了解灌区主要作物及其种植面积;

(7)灌区渠系结构表,该表介绍灌区的渠系分布情况;

(8)灌区内主要农作物生长周期划分表,该表可以与预测模型相连,可用于供需水实时预测;

(9)灌区内主要农作物在不同生长期所需的适宜含水率表。

与灌区生产管理调度有关的统计数据大部分以文字或以表的形式储存在数据库中,而灌区空间图形中各实体的属性数据则根据系统特点和使用的需要分层存储。

第7章　GIS 技术在水资源管理中的应用

地理信息系统(Geographic Information System,GIS)是空间型的信息系统,具有采集、管理、分析和输出多种地理空间信息的能力。作为一种以可视化的数字地图、影像、多媒体等方式显示地物的信息系统,能够清晰、准确地将地物的数量、质量、空间分布特征、相互关系及其变化规律等以图像的方式动态地显示出来,以供管理者准确直观地了解空间信息,为管理决策提供一种方便快捷的分析方法和信息支持。它以图形的数学性质与数据的图形模型进行定量分析和空间分析,不仅具有地理空间数据管理能力,更重要的是可以通过地理空间分析产生常规方法难以得到的分析决策信息,并可在系统支持下进行空间过程演化的模拟和预测,实现了真正地理意义上的区域空间分析。其在宏观决策尤其在空间决策方面正发挥出愈来愈大的作用,其独特强大的空间分析功能使得 GIS 正成为地学研究和规划管理的有力工具。

灌区的现代化管理是保证灌区系统充分发挥工程效益的重要措施之一,而水资源调度是灌区管理的核心工作。水资源调度需要随时根据实际的需水、来水变化及时调整调度策略,是一个“预报、决策、实施、再预报、再决策、再实施”滚动向前且不断调整的动态过程,这一过程涉及众多空间特征的信息。所以将 GIS 技术引入灌区用水管理必将使灌区用水需水数据和灌区基本信息的显示更加直观化,并且通过对灌区所有信息进行综合的处理和分析,可优化配置灌区水资源,宏观、全局地制定出用水计划及发展战略,减少资源浪费,提高效率。同时,也可使管理者既能通过图形显示把握灌区实时用水及需水的总体状况,又能通过各种快捷的查询手段了解各种非图形因素的信息,使管理者可获取的信息量成倍地提高。基于以上原因,将 GIS 技术引入灌区用水管理必然加快灌区管理的科学化、实时化、现代化的步伐。

7.1　地理信息系统概念及功能

7.1.1　地理信息系统概念

地理信息系统(简称 GIS)是集计算机科学、地理地质学、测绘科学、环境科学、空间科学、信息科学和管理科学为一体的多学科结合的新兴边缘科学;它通常泛指用于获取、存储、查询、综合、处理、分析和显示与地球表面位置相关的数据的计算机系统,是分析和处理海量地理数据的通用技术。从信息系统的角度,地理信息系统是研究与地理分布有关的空间信息的系统,它具有信息系统的各种特点,地理信息系统与其他信息系统的主要区别在于其储存和处理的信息是经过地理编码的,地理位置及与该位置有关的地物属性成为信息检索的重要部分。在地理信息系统中,现实世界被表达成一系列的地理要素、实体或地理现象,这些地理特征至少由空间位置信息和非位置属性信息两个部分组成。

7.1.2　地理信息系统的组成

从系统和应用的角度出发,地理信息系统可分为4个子系统,即计算机硬件和软件系统、地理数据库系统、数据库管理系统、应用人员和组织机构。

(1)计算机硬件和软件系统。硬件部分包括执行程序的中央处理器,保存数据和程序的存储设备,用于数据输入、显示和输出的外围设备等。其中大多数硬件设备是计算机的通用设备,而有些设备则在地理信息系统中得到了广泛应用,如数字化仪、扫描仪等。软件系统由核心软件和应用软件组成。其中核心软件包括数据处理、管理、地图显示和空间分析等部分,而特殊的应用软件包则与核心软件紧密相连并面向一些特殊的应用问题,如网络分析、数字地形模型分析等。有些地理信息系统软件是通用的数据库管理系统,但大部分是专用的,仅限于地理信息系统领域。

(2)地理信息系统的地理数据是 GIS 的核心,分为空间数据和属性数据。它们的数据表达可以采用栅格和矢量两种形式,空间数据表现了地理空间实体的位置、大小、形状、方向以及拓扑几何关系。属性数据是对目标的空间特征以外的目标特性的描述,包含了对目标类型的描述和目标的具体说明与描述。

(3)数据库管理系统主要进行数据维护、操作和查询检索。地理数据库是地理信息系统应用项目重要的资源与基础,它的建立和维护是一项非常复杂的工作,涉及许多步骤,需要技术和经验,需要投入高强度的人力与开发资金,是地理信息系统应用项目开展的瓶颈技术之一。

(4)应用人员和组织机构。专业人员,特别是复合人才(既懂专业又熟悉地理信息系统)是地理信息系统成功的关键,而强有力的组织是系统运行的保障。由于地理信息系统的应用往往具有专业背景,所以,无论是需求分析、总体设计,还是专业功能的开发和应用,都离不开专业人员的参与。

7.1.3　地理信息系统的功能

(1)空间数据的输入和编辑。将地理数据有效地输入到 GIS 中,是一项琐碎、费时、代价昂贵的任务,大多数的地理数据是从纸质地图输入 GIS 中的。常用的方法是数字化和扫描。数字化的主要问题是低效率和高代价;扫描输入则面临另一个问题:扫描得到的栅格数据如何变换成 GIS 数据库通常要求的点、线、面、拓扑关系、属性等形式。就这一领域目前的研究进展而言,全自动的智能地图识别短期内没有实现的可能,因而,交互式的地图识别是矢量化方法的一种较为现实的途径。市场上已有多种交互式矢量化软件出售。

(2)空间数据的存储和管理。GIS 中的数据分为栅格数据和矢量数据两大类,如何在计算机中有效存储和管理这两类数据是 GIS 的基本问题。在计算机高速发展的今天,尽管微机的硬盘容量已达到 GB 级,但对于灵活、高效地处理地图这类对象仍是不够的。GIS 的数据存储有其独特之处,大多数的 GIS 系统中采用了分层技术,即根据地图的某些特征,把它分成若干层,整张地图是各层叠加的结果。在与用户交换过程中只处理涉及的某些层,而不是整幅地图,因而能对用户要求做出快速反应。

(3)地理数据的操作和分析。GIS中对数据的操作提供了对地理数据有效管理的手段。对图形数据(点、线、面)和属性数据的增加、删除、修改等大多可借鉴CAD及通用数据库中的成熟技术;有所不同的是,GIS中图形数据与属性数据紧密结合在一起,形成对地物的描述,对其中一类数据的操作势必影响到与其相关的另一类数据,因而操作所带来的一致性和操作效率问题,是GIS数据操作的主要问题。

地理数据的分析功能,即空间分析,是GIS得以广泛应用的重要原因之一。通过GIS提供的空间分析功能,用户可以从已知的地理数据中得出隐含的重要结论,这对于许多应用领域至关重要。空间分析分为两大类:矢量数据空间分析和栅格数据空间分析。矢量数据空间分析通常包括:空间数据查询和属性分析,多边形的重新分类、边界消除与合并,点与线、点与多边形、线与多边形、多边形与多边形的叠加,缓冲区分析,网络分析,面运算,目标集统计分析。栅格数据空间分析功能通常包括:记录分析、叠加分析、滤波分析、扩展领域操作、区域操作、统计分析。

(4)图像显示与输出。将用户查询的结果或数据分析的结果以合适的形式输出,是GIS问题求解过程的最后一道工序。输出形式通常有两种:在计算机屏幕显示或通过绘图仪输出,对于一些对输出精度要求较高的应用领域,高质量的输出功能对GIS是必不可少的,这方面的技术主要包括数据校正、编辑、图形整饰、误差消除、坐标变换、出版印刷等。

7.2　地理信息系统在国内外的发展概况

7.2.1　国外发展概况

地理信息系统是20世纪60年代中期开始发展起来的新技术。它最初为解决地理问题而起,至今已成为一门涉及测绘科学、环境科学、计算机技术等多学科的交叉学科。综观地理信息系统的发展,尤其是地理信息系统发展较早的地区如北美地区的实际情况,可将地理信息系统的发展大致分为4个阶段:

(1)20世纪60年代为地理信息系统开拓期,注重于空间数据的地学处理。这时地理信息系统的特征是和当时的计算机发展水平联系在一起的,注重于空间数据的地学处理。如加拿大的地理信息系统(CGIS)就是为处理加拿大土地调查获得的大量数据建立的,该系统于1963年开始研制,1971年投入正式运行,被认为是世界上第一个较为完善的地理信息系统。同时还有哈佛大学的SYMAP、马里兰大学的MANS等。

(2)20世纪70年代为地理信息系统的巩固发展期,注重于空间地理信息的管理。进入20世纪70年代以后,由于计算机硬件和软件技术的发展,尤其是大容量存取设备——磁盘的使用,为空间的数据录入、存储、检索和输出提供了强有力的手段。用户屏幕与图形、图像显示卡的发展增强了人机对话和高质量图形显示功能,促使地理信息系统朝着实用方向迅速发展,一些经济发达国家先后建立了许多专用性的土地信息系统和地理信息系统,在自然资源管理和规划方面发挥了巨大作用。例如:从1970年到1976年,美国国家地质调查局就建成了50多个信息系统,作为地理、地质和水资源等领域的空间信息分析工具。加拿大、德国、瑞典和日本也相继发展了自己的地理信息系统。与此同时,一些商业公司开始活跃起来,GIS 软件在市场上受到欢迎,GIS 的商业公司靠市场经济的需要而迅猛发展起来。据不完全统计,20 世纪 70 年代约有 300 多个系统投入使用。这期间,许多大学和研究机构开始重视 GIS 软件设计及应用研究。地理信息系统技术受到政府部门、商业公司、大学和研究单位的普遍重视。

(3)20 世纪 80 年代为地理信息系统技术大发展时期,注重于空间决策支持的分析。20 世纪 80 年代是 GIS 普及和推广应用的阶段。由于计算机的发展,推出了图形工作站和 PC 微机等性价比大为提高的新一代计算机,计算机和空间信息系统在许多部门广泛应用。计算机网络技术的应用,使地理信息数据的长距离传输时效得到极大的提高。GIS系统软件和应用软件的发展,使得 GIS 的应用从解决基础设施的规划转向更复杂的区域开发和规划,地理因素成为投资决策中不可缺少的依据。许多工业国家把 GIS 作为有关部门的必备工具投入日常运转。与卫星遥感技术相结合,GIS 开始用于全球性问题研究,例如全球沙漠化、全球变化与全球监测,这期间软件的研制和开发取得了很大成绩,仅1989 年市场上有报价的软件就达 70 多个,并且涌现出了一些具有代表性的 GIS 商用软件,如 MGE、Arc/Info 等,它们可在工作站或微机上运行。

(4)20 世纪 90 年代为地理信息系统的用户时代。20 世纪 90 年代是 GIS 应用的大发展阶段,GIS 作为一种通用的工具被广泛使用,GIS 已成为许多机构必备的工作系统,并在一定程度上改变了传统的工作模式,提高了工作效率。另一方面,社会对 GIS 的认识增强,用户需求增加,导致 GIS 应用领域的扩大和应用水平的提高,地理信息系统已成为全球关注的问题,例如,地理信息系统已列入美国"信息高速公路计划",美国副总统戈尔在"数字地球"战略中指出,地理信息产业已经建立,数字化信息产品在全世界迅速普及,GIS 逐步深入到各行各业乃至千家万户,成为人们生产、生活、学习和工作中不可缺少的工具与助手。如今,地理信息系统已成为一个确定的信息产业,人们讨论的不再是是否需要利用 GIS,而是如何利用 GIS 发挥其最大效益。

7.2.2　在国内发展概况

我国 GIS 的发展虽然较晚,但发展势头迅猛,大体上经历了 4 个阶段,即起步(1970 ~1980 年)、准备(1980 ~1985 年)、发展(1985 ~1995 年)、产业化(1996 年以后)阶段。GIS已在许多部门和领域得到应用,并引起了政府部门的高度重视。从应用方面看,地理信息系统已在资源开发、环境保护、城市规划建设、土地管理、农作物调查、交通、能源、通讯、地图、测绘、房地产开发、自然灾害的监测与评估、金融、保险、石油与天然气、运输与导航等方面得到了具体应用。国内已有城市测绘地理信息系统或测绘数据库正在运行或建设中。一批地理信息系统软件已研制成功,一批高等院校已设立了一些与 GIS 有关的专业或学科,一批专门从事 GIS 产业活动的高新技术企业相继成立。大致有以下几个阶段:

我国地理信息系统方面的工作自 20 世纪 80 年代初开始。以 1980 年中国科学院遥感应用研究所成立全国第一个地理信息系统研究室为标志,在几年的起步发展阶段中,我国地理信息系统在理论探索、硬件配置、软件研制、规范制定、区域试验研究、局部系统建立、初步应用试验和技术队伍培养等方面都取得了进步,积累了经验,为在全国范围内开展地理信息系统的研究和应用奠定了基础。

地理信息系统进入发展阶段是从第七个五年计划开始。地理信息系统研究作为政府行为,正式列入国家科技攻关项目,开始了有计划、有组织、有目标的科学研究、应用试验和工程建设工作。许多部门同时开展了地理信息系统的研究与开发工作。如全国性地理信息系统实体建设、区域地理信息系统研究和建设、城市地理信息系统研究和建设、地理信息系统基础软件或专题应用软件的研制和地理信息系统教育培训。地理信息系统在全国性应用、区域管理、规划和决策中取得了实际的效益。

自 20 世纪 90 年代起,地理信息系统步入快速发展阶段。执行地理信息系统和遥感联合科技攻关项目,强调地理信息系统的实用化、集成化和工程化,力图使地理信息系统从初步发展时期的研究试验、局部使用走向实用化和产业化,为国民经济重大问题提供分析和决策依据。努力实现基础环境数据库的建设,推进国产软件系统的实用化、遥感和地理信息系统技术一体化。在地理信息系统的区域工作重心上,出现了"东移"和"进城"的趋向,促进了地理信息系统在经济相对发达、技术力量比较雄厚、用户需求更为迫切的地区和城市首先实用化。这期间开展的主要研究及今后尚需进一步发展的领域有:重大自然灾害监测与评估系统的建设和应用、重点产粮区主要农作物估产、城市地理信息系统的建设与应用、数字化测绘技术体系的建立、国家基础地理信息系统建设与应用、专业信息系统与数据库的建设与应用、基础通用软件的研制与建立、地理信息系统规范化与标准化、基于地理信息系统的数据产品研制。这一时期是我国 GIS 产业化发展阶段,涌现出了一大批拥有自主版权的国产 GIS 软件,如北京超图公司的 SuperMap、武汉吉奥公司的GeoStar、中地公司的 MapGis、北大方正的方正智绘等,这些公司的 GIS 软件在各行各业都得到了不同程度的应用,同时经营地理信息系统业务及应用开发的公司逐渐增多,已具备走向产业化的条件,正逐步形成行业。

7.3　应用型地理信息系统的开发

7.3.1　地理信息系统软件的分类

地理信息系统是传统科学与现代技术相结合的产物,它为各种涉及空间数据分析的学科提供了崭新的研究方法与技术手段。经过 40 多年的发展,地理信息系统已经形成了完整的理论、技术体系,并涌现出了一大批优秀的系列信息系统软件。根据其内容、功能和作用,人们通常将其分为两大基本类型:工具型地理信息系统和应用型地理信息系统。

(1)工具型地理信息系统也就是 GIS 工具软件包,它是一种通用型 GIS,具有 GIS 的一般功能和特点,如空间数据输入、存储、处理、分析和输出等基本功能,它向用户提供一个通用的 GIS 操作平台。此类 GIS 一般都没有地理空间实体,用户可根据自己的需要和一定的应用目的,进行进一步的设计和二次开发,以达到实际应用的目的。这类工具型GIS 系统常见的有 Arc/Info、MapInfo、GENAMAP、MapGIS、GeoStar 等。

(2)应用型地理信息系统包括专题地理信息系统和区域综合地理信息系统。它是根据用户的需求和应用目的而设计的,具有解决地理空间实体及空间信息的分布规律、分布特性及相互依赖关系的应用模型和方法。本次开发即属于应用型地理信息系统的开发。

7.3.2　地理信息系统开发模式

地理信息系统开发主要有三种模式：

（1）独立开发。完全从底层开始，不依赖于任何 GIS 工具软件，从空间数据的采集、编辑到数据的处理分析及结果输出，所有的算法都由开发者独立设计，然后选择某种程序设计语言，按照软件工程的步骤完成系统的开发。这种开发模式适于开发商品化的 GIS 软件平台，但其开发难度大、开发周期长、投资大，不适于一般的开发用户。

（2）单纯的二次开发。基于国内外先进的 GIS 平台，利用其提供的二次开发语言进行开发，如 Arc/Info 提供的 AML 语言、ArcView 提供的 Anvenue、MapInfo 提供的 Mapbasic 等，开发出具有特定应用功能的地理信息系统。该种开发模式简单易行，有很多功能可以直接从原有的平台软件中引用过来，但其移植性差，受开发平台的影响，不能脱离原系统单独运行。

（3）组件地理信息系统。在可视化开发环境（如 Visual Basic、VisualC、DelPhi 等）中，将 GIS 控件嵌入用户应用程序中，实现一般 GIS 功能，在同一环境下利用开发语言实现专业应用功能。该模式可缩短程序开发周期，程序易于移植、便于维护，是目前 GIS 开发的主流。

7.3.3　组件式地理信息系统

组件式 GIS 的基本思想是把 GIS 按功能划分为几个控件，每个控件完成不同的功能，用户通过控件提供的接口，编制代码，实现相应的功能。在可视化开发环境下将 GIS 控件与其他非 GIS 控件集成在一起，形成最终的 GIS 应用系统。组件式地理信息系统的特点如下：

（1）高效无缝的系统集成。传统的 GIS 系统集成方式有：独立应用、松散集成，无论哪种方式集成效果都十分有限，而 COMGIS 可以在通用的开发环境下，嵌入组件式对象模型（Component Object Model，COM）实现 GIS 功能，利用开发语言直接编程或是插入其他专业性控件实现专业应用功能，使得不同部分在同一环境下实现无缝、高效的集成。

（2）无须专门的 GIS 开发语言。COMGIS 不需要掌握额外的 GIS 二次开发语言，只需了解 COMGIS 中各控件的功能，以及各控件与外界的接口、控件的属性和方法，熟悉通用的集成开发环境，就可完成应用系统的开发和集成，提高了用户的开发效率。

（3）易于掌握、大众化的 GIS。由于 COMGIS 基于标准的组件式平台，各控件都有标准的规范接口，用户可以自由、灵活地利用各个控件重新组建自己的应用系统，方便了非专业用户的掌握、开发，促进了 GIS 的大众化进程。

（4）成本低、周期短。用户可根据系统功能要求购买所需的控件，一些专业应用功能可直接利用程序语言开发，降低了 GIS 软件开发成本；同时 COMGIS 可分为多个控件，各控件可同时开发，缩短研发周期。所以本次开发采用组件式集成二次开发。

7.3.4　开发工具选取

本研究选取 ESRI 公司的 ArcInfo 8.3 进行前期矢量图的处理,利用其工具软件 MapObjects结合 Visual Basic6.0 进行二次开发。

ArcInfo 8.3 是美国环境系统研究所(ESRI)开发的能对图形数据进行采集、编辑、管理和分析的地理信息系统工具软件,具有强大的地理数据管理、显示和空间分析以及数字地面模型建模能力,也可以实现对遥感影像的校正、叠加和更新处理,支持矢量和栅格两种数据形式。它是世界上应用最广泛的 GIS 软件之一,属于 ArcGIS 桌面软件 Desktop,由 ArcMap、ArcCatalog 和 ArcToolbox 三个应用程序组成。

MapObjects(简称 MO)是由美国环境系统研究所(ESRI)于 1996 年秋研制成功的,基于 COM (Component Object Model,组件式对象模型)技术的地理信息系统控件。MapObjects 是建立在微软的对象连接和嵌入(ActiveX)基础之上,ActiveX 是当今得到广泛支持的面向对象的软件集成技术。用户像用砖块盖房子一样利用 ActiveX 组件开发和集成 Windows 应用程序。MapObjects 是一个提供制图与 GIS 功能的 ActiveX 控件,它包含 35 个可编程的 ActiveX 对象。MapObjects 地图控件可以直接插入到许多标准开发环境的工具集成中。用户可以通过属性页操纵地图。这些属性页是在诸如 Visual Basic 之类的开发环境中建立的,或者通过其他程序化相关对象来控制地图。这些对象为应用开发人员提供了有力的制图与 GIS 功能支持。因为 MapObjects 是一个 ActiveX 控件,它又可以用于大量的开发框架中,包括流行的像 Visual Basic、Delphi、Visual C + +、Visual Foxpro、PowerBuilder 等之类的程序设计环境。

Visual Basic 6.0 是一种可视化的、面向对象和采用事件驱动方式的结构化高级程序设计语言,可用于开发 Windows 环境下的各类应用程序。它简单易学、效率高,而且功能强大,支持 OCX、OLE、DDE、API 等技术,能建立与其他应用程序通讯的各种应用程序;具有很强的数据库管理功能,可以访问不同的数据源数据,如 Access、Dbase、SQL Server、Oracle等多种数据库。在 Visual Basic 的环境下,利用事件驱动的编程机制及其易用的可视化设计工具,可以高效、快速地开发出 Windows 环境下功能强大、图形界面丰富的应用软件系统。

本系统将采用 GIS 组件式开发模式,采用 Visual Basic 6.0 作为系统集成开发工具。GIS 组件的代表应首推 MapObjects 及 MapX,其中 MapObjects 由全球最大的 GIS 厂商ESRI (美国环境系统研究所)推出;MapX 由著名的桌面 GIS 厂商美国 MapInfo 公司推出。美国环境研究所是 GIS 软件技术的拓荒者,同时也是当今 GIS 技术的领跑者,并且 MapObjects 是美国环境研究所产品系列的有机组成部分,与其他产品(例如 ArcSDE)能很好地衔接。所以本系统选择 MapObjects 来进行开发。

7.3.5　利用 MO 开发 GIS 系统的基本步骤

(1)创建地理空间数据库。GIS 中的数据库有两种:存储地理数据的数据库(空间数据库)和存储非地理数据(属性数据)的数据库(属性数据库)。空间数据库中包含地理对象和地理对象相对应的相关信息,比如地理对象的名称、属性等。目前 MO 支持 Shape、

SDE、Arc/Info 的 Coverage 等格式的空间数据库,其缺省格式是 Shape 文件格式。可以通过下列方式获取或创建 Shape 格式的数据库:①转换,通过适当的工具将 MapInfo、Auto-CAD 等格式转换为 Shape 格式文件;②编程,按照 Shape 文件格式,直接写一个 Shape 文件;③编辑,通过编程控制,在 Map 控件的地图上编辑图形,输出得到 Shape 文件。对于一般属性数据库,可以使用通用的数据库产品来创建和维护。MO 可以 Addrelate 方法与 Access、dBase、ODBC 等格式的数据库进行连接和相互访问。

（2）添加图层并进行相关设置。一个 Shape 格式的数据库文件只能包含控件几何特征点、线、多边形（面）中的一种,因此为了显示全部地图特征,应该把地图包含的全部图层添加到 Map 控件中,建成一个图层组,该图层组规定了其中各个图层的名称、内容、属性及各图层之间的显示顺序。MO 可以载入定义好了的图层组,同时,MO 也可以在程序运行中添加、删除图层或改变图层的属性,这些都可用编程语句来实现。

（3）设计 GIS 中地理信息的增、删、改等功能。MO 提供标准地理实体对象点、线、多边形（面）的类型定义。通过 MO 提供的选择功能选取相应实体,可以实现对相应实体的添加、删除和改变属性（形状、颜色、大小等）功能。

（4）设计 GIS 的查询功能和分析统计功能。空间查询与统计分析是 GIS 最基本、最常用的功能,也是与其他数字制图软件相区别的主要特征。MO 提供了一定的查询和分析手段,如可以根据图层中的字段值查询相对应的地理对象,可以提供对应于图层表中某个或某几个字段的分析饼图等。

7.4 基于 GIS 技术的水资源管理决策支持系统的设计

7.4.1 系统设计目标

系统的目标是建立面向灌区管理者的用水综合管理决策支持系统,集灌区水资源优化配置技术和现代数据库技术、计算机可视化技术为一体,能根据需水量或水文气象的实际变化,经分析计算并迅速做出优化配水方案和相应的用水计划,以表格和图形的形式把配水结果显示出来。为管理决策者提供出灌区的作物配水耗水情况、各渠系实时输送水量及损失情况、灌溉可用水量、灌区的经济效益等有效信息,实现灌区管理系统的实时化、可视化、现代化。因此,在这样一种广泛的可能性中,要确定比较适宜的系统目标,就需要首先确定目标原则。通常,在确定应用型地理信息系统时遵循如下原则:

（1）针对性。系统设计应以提高信息管理的效率,提高信息质量,为决策者提供及时、准确、有效的信息,向社会提供所需信息为出发点。具体的专业应用要有具体的设计目标。

（2）实用性。根据我国现行地理信息系统发展状况,大多数单位（或城市、地区）都难以在短期内建成一个完善的系统,为充分发挥系统的经济效益和社会效益,应注重实用性。初期建设应将重点放在数据建库、处理与查询等工作上。不仅要考虑算法设计、软件开发、模型建立等方面,而且还要考虑数据的存储、维护与更新的方法。系统的生命周期应该包括系统的运行与维护阶段,这是一个相当长的时期,而不是仅到系统建成之日为止的相对短的时期。

（3）先进性。先进性是指系统设计时要考虑计算机及外设、基础软件的新版本、新的操作系统等先进设备、先进技术的应用、当代信息技术的快速发展，在系统功能设置时应留有发展余地和良好的接口。系统的功能、系统管理的数据、系统的应用领域以及硬件、软件均应可扩展，尽量建成一个可扩展的系统。

渠村灌区水资源调度管理系统，是一个应用型地理信息系统，系统将充分利用已有的成果，同时考虑今后发展趋势，以 GIS 为平台，灌区水资源实时调度为核心，信息采集、可视化表达为手段，集成面向灌区管理者的灌区水资源调度管理决策支持系统。

7.4.2　系统设计原则

渠村灌区水资源调度管理系统的设计除了应遵循一般的地理信息系统、管理信息系统的设计准则外，还应遵循以下设计原则：

（1）面向用户原则。服务于灌区水资源用水调度管理是设计和建立渠村灌区水资源调度管理系统的前提与依据，其内容和功能必须满足灌区用水管理决策的需要。

（2）实用性原则。研制灌区水资源调度管理系统，是为灌区用水管理提供辅助决策支持的。在系统设计时应密切结合课题研究的实际需要，将 GIS 与灌区水资源优化调度模型进行无缝集成，为用户提供各类信息浏览查询和灌溉辅助决策等多种功能。

（3）适用性原则。系统设计应具有友好的界面，做到操作简单、使用方便。

（4）可扩充性原则。根据灌区水资源调度管理的实际情况，系统设计时应在各个环节考虑其可扩充性，例如：属性编码的可扩充性，软件设计模块的可扩充性。

7.4.3　系统功能设计

根据灌区管理所提要求和灌区调研结果及系统目标分析得知，希望开发出来的系统具有友好的用户界面、基本的视图操作功能、数据库管理功能、对图形的基本编辑功能和适合于对渠道等地物的信息查询功能等；同时能将数据库分析统计成果、实时来水预测成果及相应误差、实时优化配水成果显示出来，为最佳配水调度提供依据。整个系统从功能上可分为数据库管理模块、模型管理模块、专题地图制作模块、系统管理模块。数据库管理模块实现用水管理中的基础数据查询、统计及汇总等功能；模型管理模块利用数据库数据实现专业分析计算；专题地图制作模块以地图或统计图表的形式提供各类专题地图和表格；系统管理模块对系统分析成果进行统计，实现系统总体和各功能模块运行的管理与维护。其总体逻辑结构见图 7-1。

（1）数据库管理及信息查询设计。系统数据库包括属性数据库和空间数据库。属性数据库主要是管理与系统目标功能密切相关的大量文字、数表信息等数据，以数据库、表的形式进行管理。空间数据库主要是管理与空间位置有关的地物数据。把属性数据库和空间数据库通过相关关系进行关联，在系统中实现两库一体的功能。

（2）模型管理设计。模型管理模块主要是实时优化配水调度模型。具体包含作物灌溉制度优化模型、子区间水量优化分配模型、协调层优化配水模型、来水过程预测模型、动态优化配水模型等专业分析模型，以灌区气象、作物的实时及历史数据进行分析计算和预

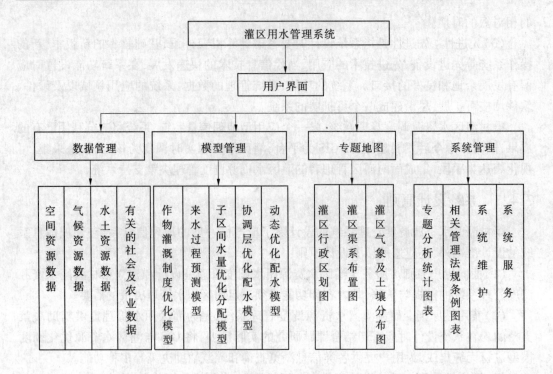

图 7-1　系统总体逻辑结构功能图

报。

（3）专题地图设计。专题地图制作模块利用各类数据库在地理信息系统的支持下,根据要求可绘制出各种比例尺的专题地图,且可随时更新。系统主要有灌区平面图、渠系工程分布图、土壤分布图等,采用文字、图表和各种相关信息来显示各种子专题,如灌区渠系工程信息专题、单一指标及相关信息的查询等。

（4）系统管理模块。实现系统总体和各功能模块运行的管理与维护,包括编辑功能（输入、浏览、修改、删除）、数据汇总、专题分析统计及报表打印、系统安全维护等。

7.4.4　系统实现的关键技术及其功能

7.4.4.1　数据库的设计及处理

包括属性数据库设计、空间数据库设计、它们之间的连接及数据的获取。

1）属性数据库设计

数据库结构主要有三种:层次数据库结构、网状数据库结构和关系数据库结构。而关系数据库结构是最重要的数据库结构,许多数据库管理系统基本上都支持关系数据库结构,它以数据表的形式组织数据,便于数据的查询检索与更新,因此选择关系数据库结构进行属性数据库设计。

属性数据库是指与空间位置没有直接关系的代表特定地理意义的数据,既可以是独立于专题地图的社会经济统计数据,也可以是与专题地图相关表示地物类别、数量、等级的字符串或数字。此外,系统量算得到的面积、长度等指标也作为属性数据管理。

　　本系统的属性信息包括图形中各实体的属性数据和社会经济统计数据两种,采用关系型数据库 Microsoft Access 2000 来管理属性数据。Access 是 Visual Basic 内嵌的数据库,Visual Basic 中的数据控件使用 Microsoft 的 Jet 数据库引擎与 Microsoft Access 所用的数据库引擎相同,能快捷方便地访问 Access 数据库。它采用表的方式进行数据组织,各种数据表都存在一个数据库文件中,便于文件的管理。根据灌区用水管理的特点,图形属性信息分层存储,即图形属性信息对应于相应的图形层,线状地物属性信息对应相应的线状地物层,图形信息与属性信息通过指定的关键字段来建立关联关系。按照空间数据库中数据管理的形式和特点,图形的属性字段如表 7-1 ~ 表 7-6 所示。

表 7-1   部分图层对应的属性列表

图层	属性字段
城镇分布	ID、名称
渠系布置	ID、名称、控灌面积、分配水量等
河流沟系分布	ID、名称等
土壤分布	ID、名称、土壤类型等
边界	ID、名称等
…	…

表 7-2   城乡分布数据表结构

字段名	字段类型	字段长度	小数位数
FeatureId	整型	4	
城乡名	字符型	6	
ID	整型	4	
人口	整型	10	2
农业人口	整型	10	2
非农业人口	整型	10	2
人口密度	浮点型	8	2
人均总土地	浮点型	8	2
人均耕地	浮点型	6	2
人均纯收入	浮点型	8	2

表 7-3　渠系分布数据表结构

字段名	字段类型	字段长度	小数位数
FeatureId	整型	4	
ID	整型	4	
名称	字符型	4	
长度	浮点型	8	2
10 月上旬	浮点型	8	2
10 月中旬	浮点型	8	2
10 月下旬	浮点型	8	2
…	浮点型	8	2
9 月上旬	浮点型	8	2
9 月中旬	浮点型	8	2
9 月下旬	浮点型	8	2

表 7-4　河流沟系数据表结构

字段名	字段类型	字段长度	小数位数
FeatureId	整型	4	
ID	整型	4	
名称	字符	10	

表 7-5　渠道控制区域数据表结构

字段名	字段类型	字段长度	小数位数
FeatureId	整型	4	
ID	整型	4	
名称	字符型	8	
面积	浮点型	8	2
小麦	浮点型	8	2
玉米	浮点型	8	2
棉花	浮点型	8	2
水稻	浮点型	8	2

表 7-6　土壤分布数据表结构

字段名	字段类型	字段长度	小数位数
FeatureId	整型	4	
ID	整型	4	
土壤类型	字符型	12	

2) 空间数据库的设计

GIS 以有效的数据组织形式来进行数据库的管理、更新、维护,以及信息的快速检索查询。GIS 中数据库管理系统在对地理空间数据的管理上,较目前流行的数据库管理系统具有两个明显的优势,即对空间实体的定义能力和对空间关系的查询能力。灌溉管理数据信息涉及面广且极其复杂,为了便于管理和开发地理信息(空间信息和属性信息),GIS 在建库时采用分层技术进行处理,即将多种地理要素分成独立的信息层,每层具有同一的属性。根据要素的几何特性和要素之间的关系,可以将地理要素分为若干层次。根据空间数据的现有数据源和实际使用情况,将本系统中的基础空间数据分为以下几个图层,见表 7-7。

表 7-7　空间数据分层

图层	要素类型	代表地物
城镇	点状	行政地区
行政界线	线状	省、市、县及乡镇界线
渠系布置	线状	渠道
河流	线状	河流
渠道控制区域	面状	作物分区
土壤类型	面状	土壤种类

3) 空间数据库与属性数据库的连接

由于空间几何数据和属性数据是分开存储管理的,所以需要定义它们之间的对应关系,使每一幅基本图形都对应着一个属性数据文件,用以完成对图层地理要素的属性描述。通常的解决方案是为文件中的每个地物都分配一个唯一标识码(地物 ID),而在关系数据表结构中也对应一个标识码(地物 ID)。这样就可以通过该标识码字段来关联,使空间数据与属性数据建立一一对应关系,实现空间数据与属性数据双向查询检索,如图 7-2 所示。

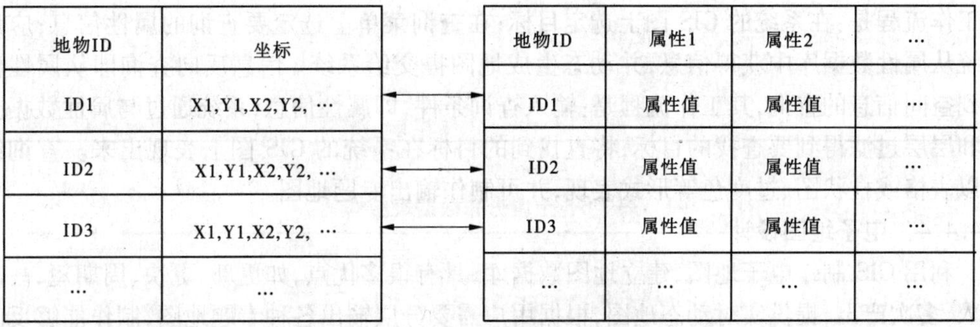

图 7-2　空间数据与属性数据的连接

4）属性数据及空间地理数据的获取和预处理

利用 Access 2000 来完成灌区水资源属性数据库的存储,数据库连接采用基于 OLE DB 模型的 ADO 技术。ADO 采用对象的方法对数据库进行访问并对数据库进行管理,它的连接速度快,提供了数据集、游标支持、SQL 语言、会话管理、缓冲机制等强大的数据库连接与管理功能,并且还提供了丰富的编程接口,便于开发。空间地理数据的获取渠道有多种,如使用手扶跟踪数字化仪,通过人工选点或跟踪线段产生坐标数据;利用扫描仪把图纸信息扫描后以栅格数据结构形式存储,再经其他图像处理软件作进一步处理,以改善图像质量,如图形拼接、降噪、细化等,并把栅格数据转换为需要的矢量数据格式。本次是将收集到的图纸通过扫描仪存入计算机,然后在 Arc/Info 8.3 下进行配准,通过 ArcScan 处理后进行矢量化,根据 GIS 地图文件的特征分成点层、线层和面层。将空间数据和属性数据通过相关关系进行关联,实现系统数据地图化。

7.4.4.2 空间数据的组织管理

GIS 以有效的数据组织形式来进行数据库的管理、更新、维护以及信息的快速检索查询。GIS 中数据库管理系统在对地理空间数据的管理上,较目前流行的数据库管理系统具有两个明显的优势,即对空间实体的定义能力和对空间关系的查询能力。灌溉管理数据信息涉及面广且极其复杂,为了便于管理和开发地理信息(空间信息和属性信息),GIS 在建库时采用分层技术进行处理,即将多种地理要素分成独立的信息层,每层具有同一的属性。根据要素的几何特性和要素之间的关系,可以将地理要素分为若干层次,如将渠系建筑物、数据监测点(墒情、雨情、水情)、管理站、村庄、城镇等制成点层;渠道、河流、行政区边界线、铁路、公路及乡间小道等制成线层;将耕田、区域划分、土壤分布、降水量分布等制成面层,图层的细分有利于地理数据的管理和应用,有利于空间要素的表示和表达,便于系统隐现、选择、分析和简单编辑(如标注文字、修改图层颜色等)空间要素。

7.4.4.3 空间数据的查询

基于 GIS 的信息查询系统应具有快捷和实时的查询方式、友好的查询界面、生动丰富的空间信息表现等特征。根据对空间信息和属性信息查询的不同顺序,可设计信息正向查询和信息反向查询的双向查询方式。这样既可实现从空间信息到属性信息的查询,也可实现从属性信息到空间信息的查询。信息正向查询即从空间信息到属性信息的查询,其工作流程是:在系统的 GIS 图上选定目标;在查询菜单上选定要查询的属性信息;应用系统从属性数据库中获得信息,并动态生成地图提交给系统。信息反向查询即从属性信息到空间信息的查询,其工作流程是:输入查询条件,即属性信息;系统通过与属性数据交互和层层过滤得到要查找的目标;将查找到的目标在系统的 GIS 图上表现出来。查询结果以表格或柱状图、过度色等形式表现,并可制作输出专题地图。

7.4.4.4 电子地图设计

利用 GIS 制作电子地图,建立地图数据库,具有很多优点,如更新、更快、周期短,一次投入,多次产出,提供实时动态地图,根据用户需要分层输出各种专题地图,制作能够反映空间关系的多种立体图形等。GIS 软件可通过对其他文件格式的原始数据文件进行数据格式转换,形成可以识别的数据格式,以矢量图的形式显示给用户。另外,GIS 软件可实现地图的显示、输出、缩放、漫游,地理要素选择,空间与属性数据查询,以及空间分析等功能。

7.4.4.5　实时调度管理

GIS 不仅可以对地理空间数据进行编码、存储和提取，而且可利用其空间分析和空间表达能力，结合实时优化调度模型等，共同完成实时调度管理的功能。通过对实时信息如实际降水状况、短期气象信息、作物生长情况、来水用水状况、土壤墒情状况等因素进行综合分析计算，来修正决策信息，从而得出最优化实时用水计划。当灌溉执行时，GIS 电子地图上被灌溉田块自动变色，并显示需水量与灌水量，同时能提供电子报表打印等。

7.5　GIS 的系统功能实现

7.5.1　概述

渠村灌区水资源调度管理系统是一个以 GIS 为平台，综合现代数据库技术、计算机可视化技术为一体，灌区水资源调度为核心，面向灌区管理者的灌区水资源调度管理辅助决策支持系统。系统采用面向对象的高度可视化语言设计，界面友好、新颖，实现高度交互性；操作简便，使用按钮或菜单而不必记忆指令名称，大大减少键盘输入的数量和错误；具有高度的图文交互查询功能，直观生动，操作简便。

7.5.2　系统的用户界面和构成

用户界面是系统与用户直接进行交流的部分，其设计的好坏直接影响到系统具体运行的效率。一个好的用户界面应该在界面的概念和表达方式上与用户保持一致，让用户操作使用方便，并且在运行期间能够对各种操作进行及时动态跟踪，并提示相应的信息。本系统采用动态式菜单设计，可以根据需要进行隐藏、显示和移动。使用主菜单、工具栏、对话框等形式，图文并茂，界面新颖、友好，便于用户使用操作。系统登陆后，提示用户打开数据，然后进入主界面，主界面由"标题栏"、"菜单栏"、"工具栏"、"图例窗口"、"显示区"、"状态栏"组成，如图 7-3 所示。

系统的主菜单包括：

(1)文件系统(包括新建、打开、保存、打印、退出等)；

(2)视图(包括地图属性、标准工具栏、工具栏、绘图工具栏等)；

(3)图层(包括增加图层、删除当前图层、删除所有图层、综合查询等)；

(4)量测(包括点坐标、线距离、面积等)；

(5)模拟(包括模拟水流等)；

(6)窗口(包括指示窗口等)；

(7)帮助。

系统具有一个主菜单，包括常用的文件管理、视图及量测等功能；两个动态的工具栏，即标准工具栏和工具栏，用户可通过点击主菜单的视图下拉子菜单控制这两个工具栏的显示，也可以在菜单区域通过单击鼠标右键来控制这两个工具栏的显示，如图 7-4 所示。另外，每个工具栏按钮上都配备了一定的信息提示，使用户不必打开即可知道此按钮的功

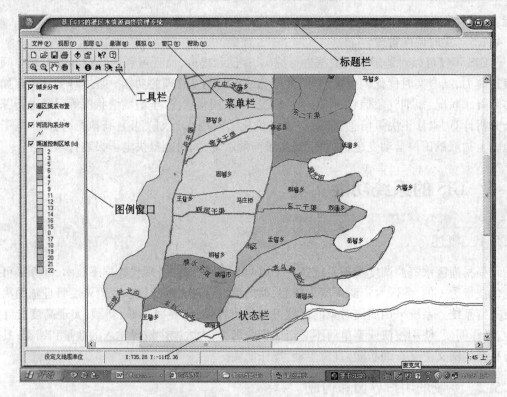

图 7-3　系统主界面

能。

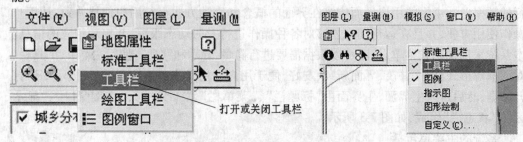

图 7-4　系统工具栏

在主窗口底部有一个状态栏,用于显示图层坐标系统、鼠标位置、操作信息提示及系统时间等信息。通过状态栏,用户可以及时得到操作的信息,给用户提供方便。

主窗口右侧小窗口为一个地图控件,用于显示地图。左侧有两个小窗口,上部为地图图例窗口,显示加载的图层信息,通过它,可以控制图层显示状态、更改图例及各层的显示顺序。

7.5.3　系统主要功能实现

7.5.3.1　空间数据管理

空间数据的管理主要包括地图文件的打开与保存、图层的显示与编辑、专题层的制作以及地图的输出。

　　（1）地图文件的打开。本系统可以打开多种类型的矢量文件格式，最主要的文件格式是 Shape 文件，还可打开 Coverage 文件、Autocad 格式和影像格式文件等。用户可以通过"文件"菜单下的"打开"选项，在对话框中选择打开的文件类型，也可以通过工具栏上的 来添加数据。

　　（2）地图的显示。可以通过主工具条的放大 、缩小 、漫游 、全屏 实现地图的相应操作，如图 7-5 所示。这些功能是利用 Visual Basic 语言使用 MO 的相应的方法属性进行编程实现的。地图放大、缩小及全屏可以通过设置地图控件属性 Extent 来实现，而漫游则通过 Pan 方法进行。例如，对于地图的放大功能，使用左键框选放大，按 Shift 点左键点击放大。

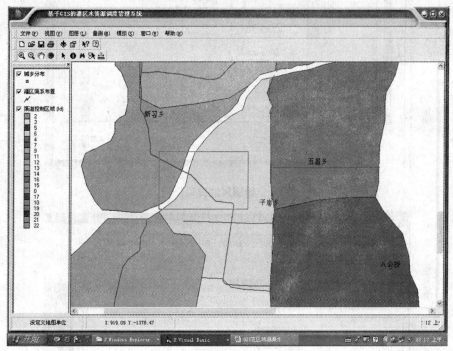

图 7-5　地图显示

　　（3）地图属性显示。通过"视图"菜单的"地图属性"选项打开地图属性对话框，在坐标系统标签里可以查看图层的坐标系统属性，以及进行坐标系统的转换，如图 7-6 所示。选择通用标签，可进行地图属性一般的设置，如地图的边框样式、图层单位、地图背景、外观等，还可设置是否显示地图提示，如图 7-7 所示。

　　（4）图层渲染。在图例窗口双击要渲染的图层，出现图层属性符号设置窗口，然后选择不同标签，可以根据需要，按照属性字段的不同，对图层进行着色，可以形成不同类型风格专题图层。如图 7-8 对渠道控制区域按 ID 值进行分类着色。也可以根据需要标注要显示的字段，如图 7-9 所示。

　　（5）地图的输出。本系统提供了地图输出功能，用户可以通过点击工具条上的打印按钮，或者从文件下拉菜单中选择打印功能。也可从文件下拉菜单中的导出项，把当前窗口的地图从图片的格式保存起来。

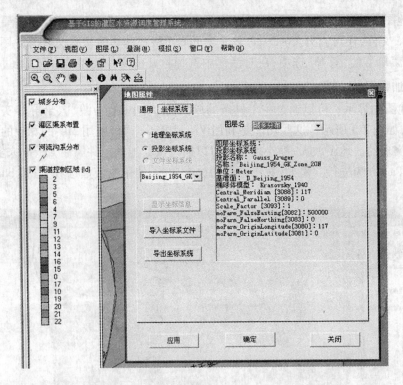

图 7-6　地图属性窗口(一)

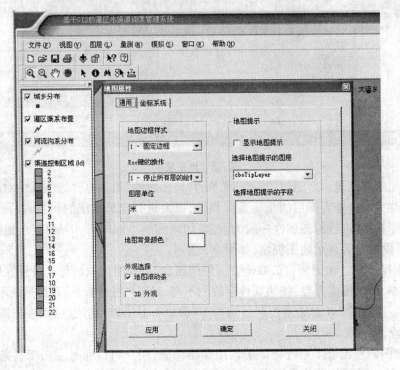

图 7-7　地图属性窗口(二)

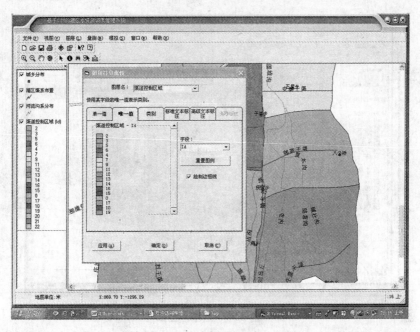

图 7-8　图层渲染

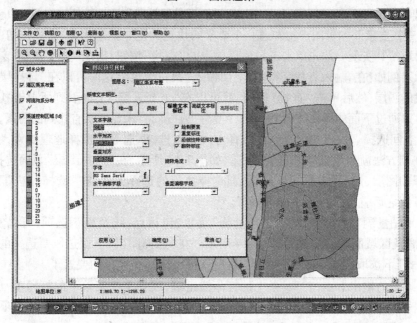

图 7-9　字段标注

7.5.3.2　主要功能使用详解

　　(1)指示图窗口。鼠标移到菜单栏窗口子菜单,点击下拉菜单的指示图窗口按钮,出现指示图窗口。当地图被放大以后,主窗口中只能显示电子地图的一部分,而在指示图窗口中显示的是电子地图的全图,这时用户可通过拖动指示图窗口中的红色方框到想要查看的区域,主窗口中也同时移动到拖到的区域。如图 7-10 所示。

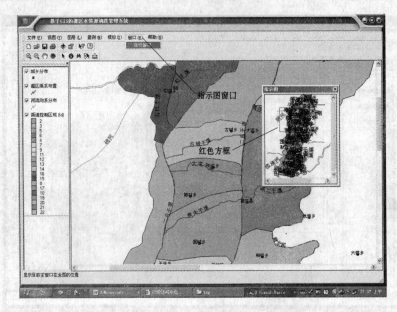

图 7-10　指示图窗口

（2）查看要素属性。鼠标左键单击工具栏上的"查看"按钮,然后在主窗口上单击要查看的要素,即出现查看属性结果窗口,显示出查看要素的属性名称和属性值。如图 7-11 所示。

（3）查找要素。如果用户想知道一个要素的位置并把它显示出来,查找按钮的功能可以很方面地帮其实现。首先单击工具栏菜单上的"查找"按钮,出现"查找要素"窗口,如图 7-12 所示。例如:在"输入查找字符串"下面输入"桑村干渠",这时可以在"选择层"下面选择要查找的图层,然后单击"查找"按钮,就可以在"选择要素"下面看到所要查找的要素。接着就可以通过下面的操作按钮"缩放"、"漫游"或"高亮"来显示所查找到的要素。

（4）空间选择。可以通过不同的选择方式如点选、框选等来选择地理要素,然后选择不同的查询方法就可以选取地理要素了。如图 7-13 所示,在"选择图层"下面选择要执行空间选择的图层,然后在"选择方式"下面选择执行的选择方式,在"选择方法"下面选择执行的方法之后就可以进行空间选择了。

（5）地图量测。系统菜单栏上的"量测"菜单,包括点、线及面积选项,可以实现点坐标、线距离及区域面积的量算,如图 7-14 所示。在"选择图层"下面选取要选择的图层,在"选择方式"下选取要选取要素的方式,然后就可以选择要选择的要素了。

（6）地图的输出。点击工具条上的打印按钮 ,或者文件菜单下的打印项,出现打印对话框,根据需要选择相应的参数,即可打印。也可以利用文件菜单下的导出项,把当前窗口地图以图片的格式保存起来。如图 7-15 所示。

（7）信息提示。本系统具有一个较为强大的信息提示功能,在视图下拉菜单中点击地图属性,出现"地图提示"窗口,如图 7-16 所示,在通用标签中选中"显示地图提示"复选框,在"选择地图提示的图层"下选取要显示地图提示的图层,在"选择地图提示的字段"下面选取要显示的字段,点击"应用"按钮,单击"确定",这时在主窗口移动鼠标就显示出鼠标所在区域的提示信息,如图 7-17 所示。

（8）帮助。包括"帮助"和"关于"选项。

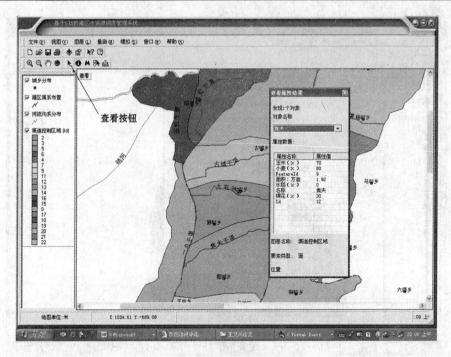

图 7-11　查看地图属性

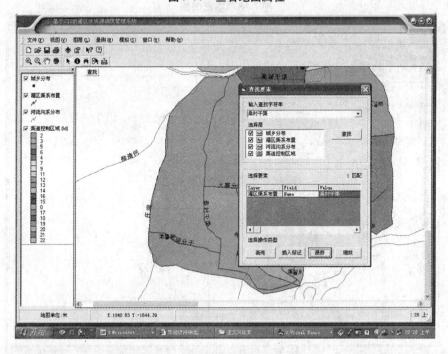

图 7-12　查找要素

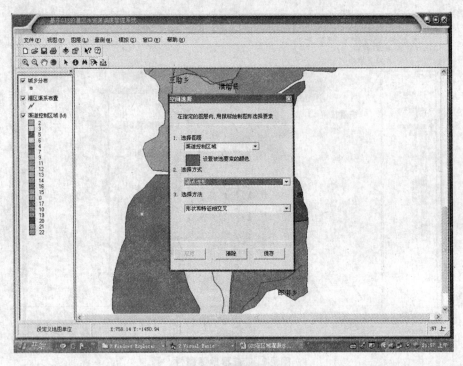

图 7-13　空间选择

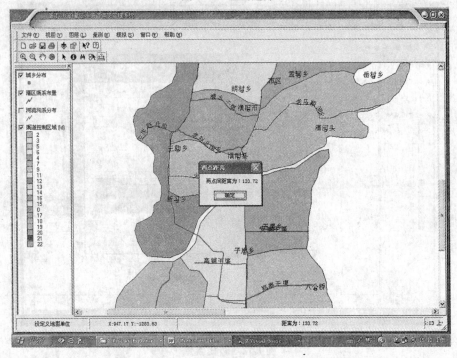

图 7-14　距离的量算

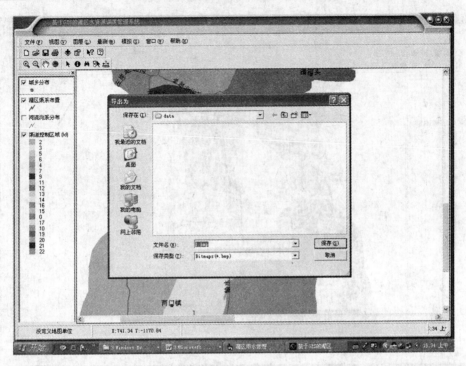

图 7-15　地图的导出

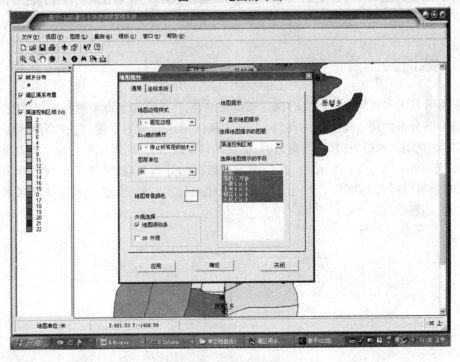

图 7-16　地图提示窗口

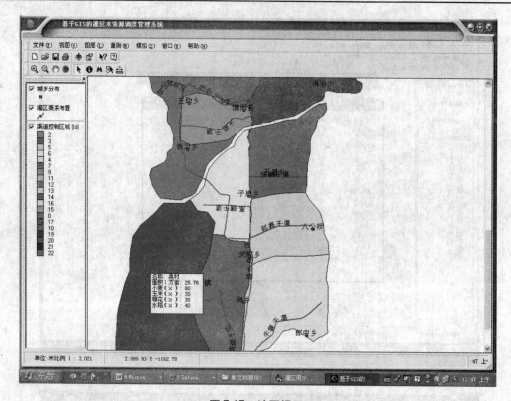

图 7-17　地图提示

7.6　结语

　　将 GIS 技术与灌区水资源实时调度模型相结合,开发灌区水资源调度管理系统,可充分发挥 GIS 分析处理空间信息的优势,丰富了灌区用水管理的手段,对提高灌区管理水平,实时优化调度水资源,真正实现适时、适量的科学灌水,提高水资源利用率具有重要作用。系统还可与 RS 和 GPS 结合,通过对遥感数据的分析处理,便于 GIS 数据库及时更新,同时还可以对水土资源、作物生长状况的变化进行实时监测,进一步提高灌区水资源管理系统的智能。

第 8 章 软件系统结构及使用说明

8.1 概述

"灌区水资源实时调度管理决策支持系统"是面向灌区管理者的水资源信息管理决策支持系统,是融合 GIS 技术、多媒体技术、现代数据库技术、计算机可视化技术为一体,以灌区可持续发展为目标,以灌区水资源实时调度为核心,对农业生产有着巨大指导意义的管理决策支持系统。系统采用 Microsoft 公司的 Visual Basic 6.0 作为开发工具,具有友好的用户界面和完善的数据管理及计算功能。该软件将各种先进的计算机技术与灌区水量调度有机地结合在一起,能够帮助用户轻松完成复杂的任务。

此软件要求的最低硬件配置为:Pentium 90MHz,CD – ROM,VGA 的显示器,24M 内存;操作系统为:Windows9x,Windows2000,WindowsXP。软件最佳的工作环境为:Windows2000操作系统,17″显示器,分辨率为 1 024 × 768。

软件的安装过程十分简单,将安装盘插入光驱后,双击"setup"文件,按照安装程序的提示进行操作即可完成软件的安装。

8.2 系统结构及组成

灌区水资源实时调度管理决策支持系统主要由登录系统、文件操作、数据库管理、优化计算模块、实时调度模块、GIS 应用模块、水务管理模块和基本资料数据库组成,主界面如图 8-1 所示。

(1)登录系统。为保证系统的安全性,用户在使用此决策支持系统软件时必须先登录,即输入口令,默认口令为"123",用户还可以修改口令,输入错误的口令时将无法进入系统。界面如图 8-2、图 8-3 所示。

(2)文件操作。如果用户的电脑内装有 Office 软件,通过文件的操作,可以将本软件中的数据库表格自动导入到 Excel 电子表格中,用户即可在 Excel 中操作导入的数据,对能熟练运用 Excel 的用户来讲无疑是十分方便的。

(3)数据库管理。通过数据库的管理可以管理操作系统数据库和用户数据库,具体包括数据记录的添加、删除、修改、查找、排序等功能。查找功能十分完善,不仅可以完成单个条件的查找,还可以进行多个条件的"与"、"或"逻辑查找。用户可以利用程序提供的数据库操作方法十分方便地对数据库进行维护。

(4)优化计算模块。优化计算模块包括优化模型和计算两个部分。其中优化模型包括单一作物最优灌溉制度、作物间优化配水、子区间优化配水及渠系配水 4 部分;计算包括作物需水量预测、作物灌溉制度、模糊聚类和加权马氏预测 4 部分。

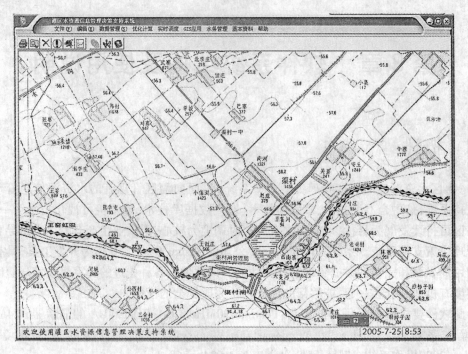

图 8-1   系统主界面

图 8-2   系统登录界面

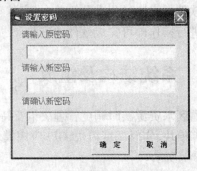

图 8-3   登录密码设置界面

（5）实时调度模块。实时调度模块包括典型年预测、中长期调度、实时测报系统、渠系动态配水及实时修正 5 部分。首先在对典型年的年型预测以及进行水资源中长期调度的基础上，根据实时预测系统得到的实时信息，然后对典型年进行修正进而对渠系动态配水。界面如图 8-4 所示。

（6）GIS 应用模块。将 GIS 运用到水资源管理系统中，可使结果显示简单明了。该模块主要包括：增加图层、删除当前图层、综合查询、量测（点坐标、线距离及面积等），与实时调度结果相连可以显示每一渠道的分配水量、作物种植面积等。

（7）水务管理模块。包括水费管理和报表管理两部分，界面如图 8-5、图 8-6 所示。

（8）基本资料数据库。该部分包括灌区的大量基本信息，图文并茂，以文字、图表、图形、图像及幻灯片方式向用户展示。内容包括文档资料、灌区地图、土壤分布图、图片资料、视频资料等。其界面分别如图 8-7 ~ 图 8-10 所示。

图 8-4　实时调度系统界面

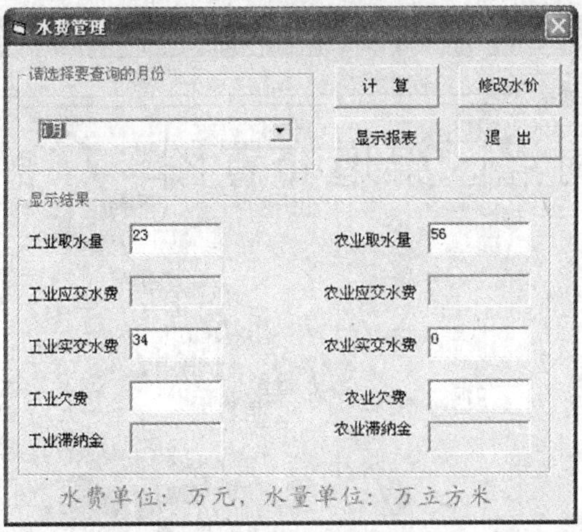

图 8-5　水费管理界面

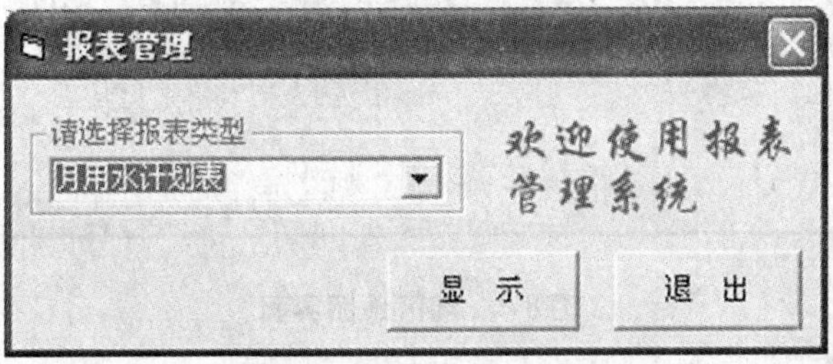

图 8-6　报表管理界面

图 8-7　文档资料界面

图 8-8　灌区地图界面

图 8-9　土壤分布图界面

图 8-10　图片资料界面

8.3　数据库管理操作

8.3.1　系统界面简介

程序启动完成后,进入主界面。主界面由"标题栏"、"菜单栏"、"工具栏"、"工作区"和"状态栏"组成。如图 8-11 所示。

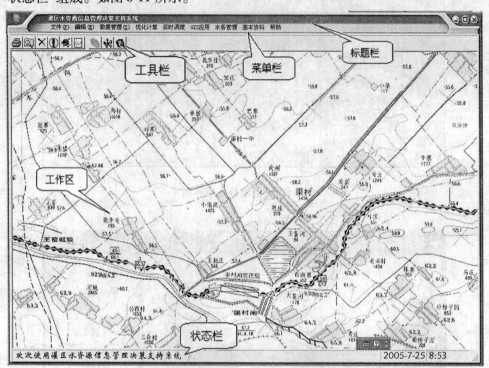

图 8-11　主窗口组成

8.3.2　文件菜单

文件主菜单包括"导出数据"、"打印"和"退出"3 个子菜单。

"导出数据":当当前子窗体含有数据表格时,点击此菜单将出现"导出数据到 Excel 表"对话框,输入保存的文件名后,单击"保存"按钮,则数据导入新建的 Excel 文件中去。如图 8-12、图 8-13 所示。

"打印":当当前子窗体含有数据表格时,点击此菜单可将数据表格中的数据打印输出。

"退出":退出此软件。

8.3.3　数据库管理菜单

此主菜单下包含以下子菜单:"删除记录"、"查找记录"、"排序"、"首记录"和"尾记录"。

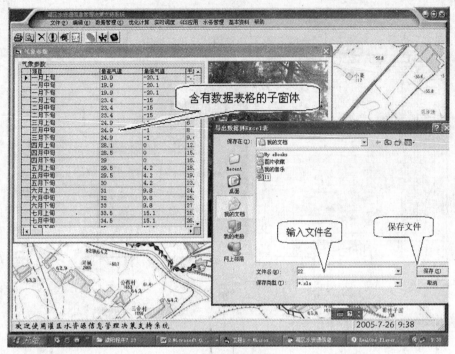

图 8-12 主窗口组成

图 8-13 提示信息

注:子窗体必须含有数据表格;点击"保存"按钮后稍等片刻直至出现"消息"提示。

"删除记录":当当前子窗体含有数据表格时,点击此菜单将出现"删除记录"窗体,在"输入数量"的文本框中输入要删除记录的条数,然后单击"删除"按钮,则可以删除从当前记录起的指定数量的记录,如图 8-14 所示。

"查找记录":当当前子窗体含有数据表格时,点击此菜单将出现"查找记录"窗体,在窗体左边的列表框中,自动列出当前子窗体数据表格中的所有字段,用鼠标单击选中要进行查找的字段;中间的列表框列出了 6 种比较运算符:">"(大于)、"> ="(大于等于)、"<"(小于)、"< ="(小于等于)、"="(等于)," < >"不等于,用鼠标单击选中将使用的比较运算符;右边的文本框输入要进行比较的数据。

输入完毕查找条件后,单击"输入"按钮,此时"逻辑与"、"逻辑或"、"查找"按钮变得可以使用(未点击"输入"按钮之前,这三个按钮处于不可用状态),此时可以进行两种操作:点击"查找"按钮,按照输入的条件进行单条件查找;点击"逻辑与"或者"逻辑或",然后再输入新的条件进行多个条件的查找。下面结合图 8-15、图 8-16 举例说明。

图 8-14　删除记录窗体

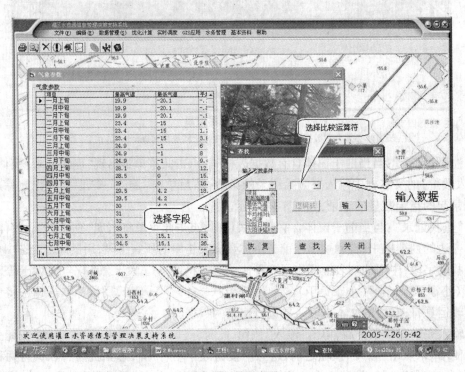

图 8-15　输入条件

　　单击"输入"按钮,然后点击"查找"按钮,则程序按照"最高气温 > =35"这一条件进行查找并显示查找的结果,如图 8-16 所示。

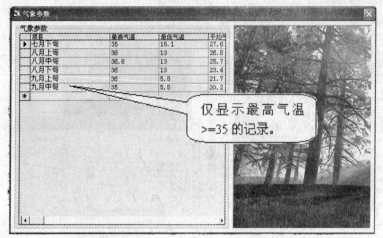

图 8-16　单条件查找

　　单击"恢复"按钮使数据表格恢复原状。单击"输入"按钮,单击"逻辑与"按钮,输入第二个查找条件"平均相对湿度 <70",单击"查找",则此时的查找条件实际上为"最高气温 > =35"并且"平均相对湿度 <70",显示结果如图 8-17 所示。

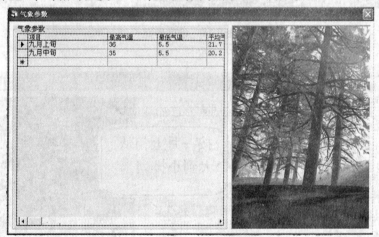

图 8-17　多条件查找

　　"排序":当当前子窗体含有数据表格时,点击此菜单将出现"排序"窗体,左边的列表框自动列出了当前子窗体数据表格中的所有字段,用鼠标单击选中要进行排序的字段;窗体右边为排序方式的选择:"从小到大"、"从大到小"。单击"排序"按钮,即完成指定字段、指定排序方式的排序。如图 8-18、图 8-19 所示。

　　"首记录":当当前子窗体含有数据表格时,自动将记录移到第一条。

　　"尾记录":当当前子窗体含有数据表格时,自动将记录移到最后一条。

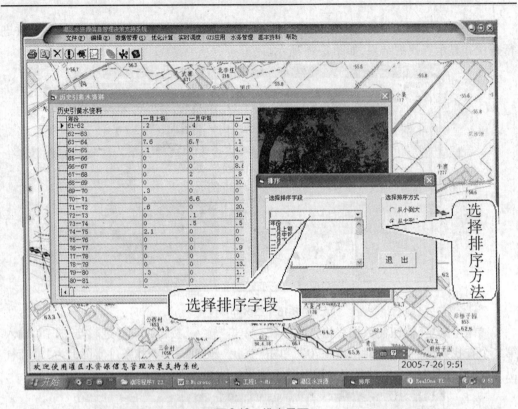

图 8-18　排序界面

图 8-19　排序结果

8.4　优化调度操作

8.4.1　优化模型

（1）单一作物灌溉制度优化模型。该模型主要是在给定作物整个生长期的可利用有效水量的前提下,怎样在作物生长期内各个时段进行水量分配。单一作物的灌溉制度优化界面如图 8-20 所示。

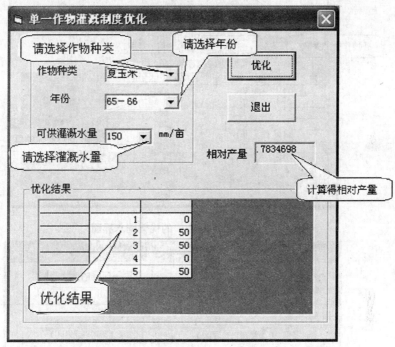

图 8-20　单一作物灌溉制度优化界面

（2）作物间的优化配水模型。该模型主要是在一定的可利用有效水量的前提下,怎样合理地在多种作物间进行水量分配。作物间的优化界面如图 8-21 所示。

（3）子区间的优化配水模型。该模型主要是在一定的可利用有效水量的前提下,根据子区间作物种类、地理气象、土壤类型及行政区域的不同,怎样合理地在子区间进行水量分配。渠系优化配水界面如图 8-22 所示。

（4）渠系配水模型。渠系配水模型即一次灌溉的渠系最优配水模型。主要是在取水口一定的可利用有效水量的前提下,根据不同渠系的作物种类和干旱程度,怎样合理地在不同渠系间进行水量分配。渠系优化配水界面如图 8-23 所示。

8.4.2　计算模块

（1）作物需水量预测。参考作物腾发量(ET_0)的计算是计算作物需水量的基础和优化配水的先决条件。本书利用最新的修正彭曼公式计算,其界面如图 8-24 所示。

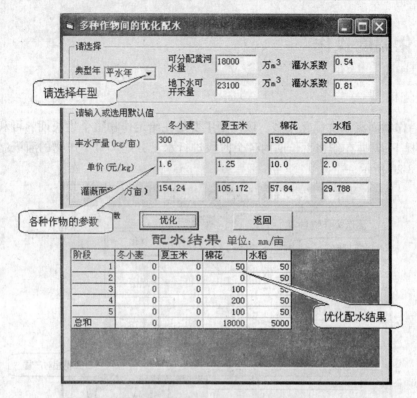

图 8-21　作物间的优化配水界面

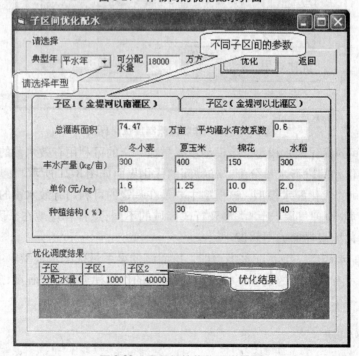

图 8-22　子区间的优化配水界面

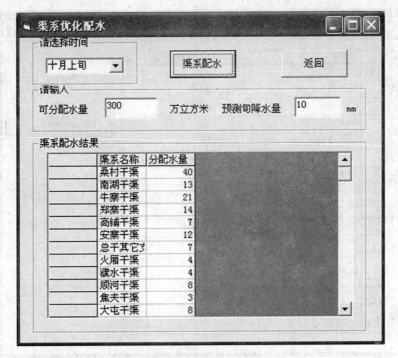

图 8-23　渠系配水界面

图 8-24　参考作物腾发量计算界面

（2）模糊聚类。本书是利用基于模糊聚类的马氏预测方法对灌区来需水量进行预测,其中模糊聚类是根据所划分的 7 个聚类指标,进行无聚类中心的有序聚类,其界面如图 8-25 所示。

（3）马氏预测。本书采用的加权马氏预测是根据模糊聚类的结果,计算出相应的状态转移矩阵,然后根据不同步长的权重对要预测年份的年型进行定性预测,然后再根据模糊聚类中心计算相应的定量指标,最后根据相应的典型年预测相应的地下水可开采量、作

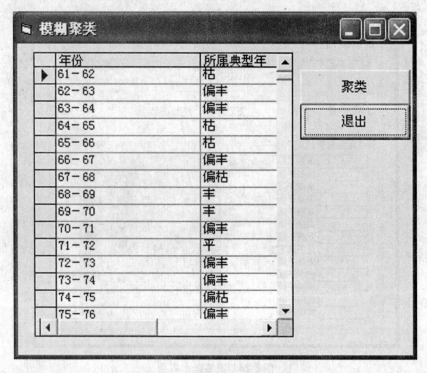

图 8-25　典型年的模糊聚类界面

物需水量和引黄水量。其操作步骤如下：

第一步：录入数据，把模糊聚类的结果读入程序，如图 8-26 所示。

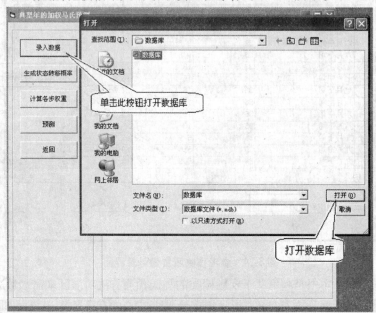

图 8-26　录入数据

第二步：生成状态转移概率矩阵。如图 8-27 所示。

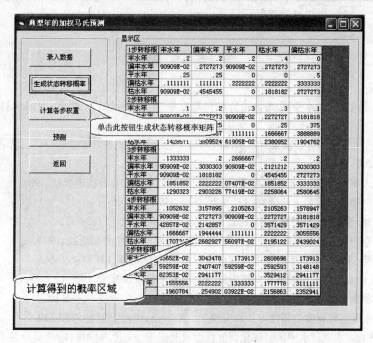

图 8-27 生成状态转移概率矩阵

第三步:计算各个步长的权重。各个步长的权重根据各步状态量的相关系数计算并归一化得到,如图 8-28 所示。

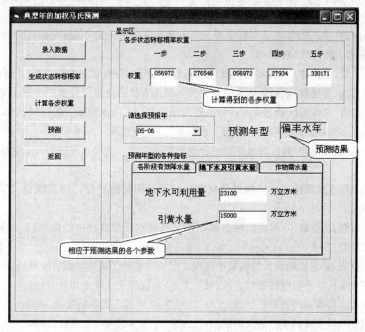

图 8-28 加权马氏预测界面

第四步:预测。该步就是根据所生成的各步状态转移概率及权重对要预测年份的状态进行预测并得到相应的各种参数,如图 8-28 所示。

参 考 文 献

[1] 刘昌明,陈志凯. 中国水资源现状评价和供需发展趋势分析[M]. 北京:中国水利水电出版社,2001:54-55.

[2] 钱正英,张光斗. 中国可持续发展水资源战略研究综合报告及各专题报告[M]. 北京:中国水利水电出版社,2001:83-104.

[3] 沈振荣,苏人琼. 中国农业水危机对策研究[M]. 北京:中国农业科技出版社,1998.

[4] 李远华. 实时灌溉预报的方法研究[J]. 水利学报,1994 (2):46-51.

[5] 茆智,李远华,李会昌. 实时灌溉预报[J]. 中国工程科学,2002 (5):24-33.

[6] 郭元裕,李寿声. 灌排工程最优规划与管理[M]. 北京:水利电力出版社,1994.

[7] 顾世祥,傅骅,李靖. 灌溉实时调度研究进展[J]. 水科学进展,14(5):660-666.

[8] 金克. 大伙房水库洪水实时预报调度方案[J]. 水利工程管理技术,1993 (6):39-42.

[9] 李纪人,贺禄南. 黄河凌期三库联合实时调度研究[J]. 水文,1993 (1):5-10.

[10] 李智录. 水库实时调度的研究[J]. 西安理工大学学报,1996 ,12(3):232-239.

[11] 邱林,陈守煜. 水电站水库实时优化调度模型及其应用[J]. 水利学报,1997(3):74-77.

[12] 邵东国,夏军,孙志强. 多目标综合利用水库实时优化调度模型研究[J]. 水电能源科学,1998,16(4):7-11.

[13] 李会安,黄强,沈晋,等. 黄河干流上游梯级水量实时调度自优化模拟模型研究[J]. 水利发电学报,2000(3):55-61.

[14] 费良军,施丽贞. 回归分析在蓄引提灌溉及发电系统联合优化实时调度中的应用研究[J]. 西北水资源与水工程,1991,2(3):33-41.

[15] 贺北方,张金泉,刘正才. 水库灌区优化调度与管理[M]. 郑州:黄河水利出版社,1996:251-270.

[16] 吴玉柏,严思成,高建群. 水稻灌区实时预报优化调度方法的研究[J]. 水利学报, 1994(8): 72-77.

[17] 李远华,贺前进. 水库灌区动态用水计划拟定方法研究[J]. 节水灌溉,1995(11):16-20.

[18] 周振民. 灌区实时灌溉供水模型研究[J]. 水科学进展,1997,8(1):78-82.

[19] 卢华友,邵东国,郭元裕. 丹江口水库径流长期预报研究[J]. 武汉水利电力大学学报,1996,29(6):6-10.

[20] 冯国章. 枯水径流预报的最优模糊划分自激励门限自回归模型[J]. 西北农业大学学报,1997,25(2):21-26.

[21] 冯国章,王双银,王学斌. 自激励门限自回归模型在枯水径流预报中的应用[J]. 西北农业大学学报,1995,23(4):78-83.

[22] 陈守煜,周惠成. 径流长期预报的模糊推理模式[J]. 大连理工大学学报,1985(1).

[23] 王本德. 水文中长期预报模糊数学方法[M]. 大连:大连理工大学出版社,1993.

[24] 陈守煜. 水文水资源系统模糊识别理论[M]. 大连:大连理工大学出版社,1992.

[25] 王本德. 水库防洪预报调度方法及应用[M]. 北京:中国水利水电出版社,1996.

[26] 金耀初,蒋静坪,诸静. 自适应模糊预测及其在天气预报中的应用[J]. 模式识别与人工智能,1993(4).

[27] 王向东,葛文忠,唐洵昌. 基于神经网络方法的华北地区强对流天气短时预报[J]. 模式识别与人工智能,1998(3).

[28] 杨荣富,丁晶,刘国东.神经网络模拟径流过程[J].水利学报,1998(10).

[29] 杨荣富,丁晶,刘国东.具有水文基础的人工神经网络初探[J].水利学报,1998(8).

[30] 谢新民,石玉波,等.基于人工神经网络的河川径流实时预报研究[J].水问题论坛,1998(3).

[31] 陈志军.灌溉发展需求预测人工神经网络模型的建立与应用[J].水利学报,1998(2).

[32] 邱林,陈守煜,聂相田.模糊模式识别神经网络预测模型及其应用[J].水科学进展,1998,9(3):258-264.

[33] 李正最.谈灰色静态模型与多元线性回归模型的关系[J].水资源研究,1990,9(1):68-71.

[34] 谢科范.评灰色系统理论[J].系统工程,1991,9(4):49-52.

[35] 冯平,杨鹏,李润苗.枯水期径流量的中长期预报模式[J].水利水电技术,1992(2):6-9.

[36] 夏军.中长期径流预估的一种灰关联模式与预测方法[J].水科学进展,1993,4(3):190-197.

[37] 陈意平,李小牛.灰色系统理论在水利中的应用及前景[J].人民珠江,1996(1):25-27.

[38] 钟桂芳.灰色变基模型在密云水库长期水文预报中的应用[J].北京水利,1996(3):47-50.

[39] 何迎晖,钱伟民.随机过程简明教程[M].上海:同济大学出版社,2004:50-54.

[40] 冯耀龙,韩文秀.权马尔可夫链在河流丰枯状况预测中的应用[J].系统工程理论与实践,1999,19(10):89-93.

[41] 黄鑫.灌区水资源实时优化调度理论模型及应用[D].郑州:华北水利水电学院,2006.

[42] 邱林,黄鑫,李洪良.基于模糊R/S分析模型的降水预测在农业中的应用[J].中国农村水利水电,2006(10):20-23.

[43] 柴福鑫.灌区水资源实时优化调度研究及应用[D].郑州:华北水利水电学院,2005.

[44] 张志红.基于神经网络模糊聚类的研究[D].合肥:安徽大学,2004.

[45] 陈守煜.水文水资源系统模糊识别理论[M].大连:大连理工大学出版社,1992.

[46] 冯利华.水资源变化趋势的灰色聚类预测[J].资源科学,1999,21(3):11-15.

[47] 黄登仕,李后强.分形几何学,R/S分析与分式布朗运动[J].自然杂志,1990,13(8):477-482.

[48] 孙霞,吴自勤,黄畇.分形原理及其应用[M].合肥:中国科学技术大学出版社,2003.

[49] 吴坚.应用概率统计[M].北京:高等教育出版社,2002:285-293.

[50] 苏金明,王永利.Matlab7.0实用指南[M].北京:电子工业出版社,2004:53-58.

[51] 李庆扬,王能超,易大义.数值分析[M].4版.北京:清华大学出版社,施普林格出版社,2001.

[52] 茆智,李远华,李会昌.逐日作物需水量预测数学模型研究[J].武汉水利电力大学学报,1995,28(3):253-259.

[53] 李洁.泾惠渠灌区供水调度与优化配置研究[D].西安:西安理工大学,2005.

[54] 谷红梅.彭楼灌区节水技术改造模式及水资源优化配置研究[D].郑州:华北水利水电学院,2005.

[55] 夏建国.四川农业水资源评价及优化配置研究[D].重庆:西南农业大学,2005.

[56] 罗金耀.节水灌溉理论与技术[M].2版.武汉:武汉大学出版社,2003.

[57] Sen Zekai. Critical drought analysis by second-order Markov-order[J]. Journal of Hydrology,1990,120(1-4):183-202.

[58] 周德才,孙亦鸣.计算机随机模拟原理、方法及计算程序[M].武汉:华中理工大学出版社,1998:201-220.

[59] 孙才志,林学钰.降水预测的模糊马尔可夫模型及应用[J].系统工程学报,2003,18(4):294-299.

[60] Allen R G, Pereira L S, Rase D, et al. Crop evapotranspiration [D]. FAO irrigation and drainage paper. No.56, 1998: 23-28.

[61] Frere M, Popov G F. Agrometeorological crop monitoring and forecast [D]. FAO plant production and protaction paper, 1979.

[62] 汪志农,冯浩. 节水灌溉管理决策专家系统[M]. 郑州:黄河水利出版社,2001:39-42.

[63] 李远华. 节水灌溉理论与技术[M]. 武汉:武汉水利电力大学出版社,1999:55-64.

[64] 中国灌溉排水发展中心. 黄河流域大型灌区节水改造战略研究[M]. 郑州:黄河水利出版社,2002: 63-68.

[65] 河南省濮阳市水利勘测设计院. 河南省渠村灌区引黄灌区续建配套与节水改造规划. 1999(12).

[66] Reca J, Roldan J, Alcaide M, et al. Optimization model for water allocation in deficit irrigation systems: Ⅰ, Ⅱ[J]. Agricultural Water Management, 2001,48(2): 103-132.

[67] Paul S, Panda S N. Optimal irrigation allocation: A multilevel approach[J]. Journal of Irrigation and Drainage Engineering, ASCE, 2000, 126(3): 149-156.

[68] Wardlaw R, Barnes J. Optimal allocation of irrigation water in real time[J]. Journal of Irrigation and Drainage Engineering, ASCE, 1999, 125(6): 345-354.

[69] Wang Z, Reddy J M, Feyen J. Improved 0 – 1 programming model for optimal flow scheduling in irrigation canals[J]. Irrigation and Drainage Systems, 1995, 9(3): 105-116.

[70] Sbyam R, Chauhan H S, Sharma J S. Optimal operation Scheduling model for a canal system[J]. Agricultural Water Managenent, 1994, 26(4): 213-225.

[71] Rao N H, Sarma P B S, Chander S. Optimal multicrop allocation of seasonal and intraseasonal irrigation water[J]. Water Resources Research, 1990, 26(4): 551-559.

[72] Wardlaw R, Bhaktikul K. Application of genetic algorithm for water allocation in irrigation system[J]. Irrigation and Drainage , 2001, 50(2): 159-170.

[73] 苏万益,陈南祥. 地下水资源管理理论与方法[M]. 西安:陕西科学技术出版社,1999.

[74] 王树谦,陈南祥. 水资源评价与管理[M]. 北京:水利电力出版社,1996.

[75] 翁文斌,王忠静,赵建世. 现代水资源规划理论方法和技术[M]. 北京:清华大学出版社,2004.

[76] 马文正,郝永红. 娘子关泉域优化供水模型及其应用[J]. 系统工程学报, 1992,7(2):87-96.

[77] 方生,陈秀玲. 地上水地下水联合运用实现灌区多目标综合治理[J]. 地下水, 1999,6(2):79-83.

[78] 倪深海,崔广柏. 多水源多目标供水系统模拟模型研究[J]. 中国农村水利水电, 2003(6):48-50.

[79] 刘健民,等. 京津唐地区水资源大系统供水规划和调度优化的递阶模型[J]. 水科学进展, 1993(2):98-105.

[80] 谢新民,周之豪. 地表—地下水资源系统多目标管理模型与模糊决策研究[J]. 大连理工大学学报, 1994(2):19-27.

[81] 朱文彬,等. 水资源开发利用与区域经济协调管理模型系统研究[J]. 水利学报, 1995(11):31-38.

[82] 沙鲁生,方红远,等. 模拟技术与多目标决策在平原湖区水资源优化调度中的应用[J]. 节水灌溉, 1995(12):12-17.

[83] 石玉波,等. 广义响应函数在地表水地下水联合管理中的应用[J]. 水利学报, 1996(4):67-72.

[84] 齐学斌,赵辉,等. 商丘试验区引黄水、地下水联合调度大系统递阶管理模型研究[J]. 灌溉排水, 1999(4):36-39.

[85] 向丽,顾培亮,等. 大型灌区水资源优化分配模型研究[J]. 西北水资源与水工程, 1999(1):64-70.

[86] 颜志俊. 地表水地下水联合运用的一种算法[J]. 水利学报, 1991(7):40-44.

[87] 薛松贵,王益能. 网络方法在流域水资源利用模拟模型研究中的应用[J]. 水科学进展, 1995(1):66-70.

[88] 蔡喜明,翁文斌,等. 基于宏观经济的区域水资源多目标集成系统[J]. 水科学进展, 1995(2):

139-144.

[89] 延耀兴,谢冰. 水资源系统分析中的限界搜索法[J]. 西北水资源与水工程, 1995(3):26-35.

[90] 齐学斌,庞鸿宾,等. 地表水地下水联合调度研究现状及其发展趋势[J]. 水科学进展, 1999(1): 89-94.

[91] 王志良,邱林,等. 非充分灌溉下作物优化灌溉制度仿真[J]. 农机化研究, 2001(4):82-85.

[92] 杜文堂,张忠永. 剡江流域地下水与地表水联合调度模型[J]. 辽宁工程技术大学学报, 2000(4): 156-158.

[93] 于秋春,林庆元,等. 地表水与地下水联合运用方案的建立与运用[J]. 地下水, 1997(3):101-104.

[94] 齐学斌,王景雷,等. 山西晋中井渠结合灌溉水资源综合平衡分析与模拟[J]. 灌溉排水学报, 2003(5):20-24.

[95] 王育红. 基于 MapObjects 的 GIS 应用系统开发[J]. 焦作工学院学报(自然科学版),2002,21(3): 186-188.

[96] 薛伟. MapObjects 地理信息系统程序设计[M]. 北京:国防工业出版社,2004.

[97] A. Calera Belmonte, J. Medrano González, A. Vela Mayorga. GIS tools applied to the sustainable management of water resources[J]. Agricultural Water Management ,1999,40(2 –3): 207-220.

[98] 宋立松,虞开森. 面向 GIS 的城市防洪图制作[J]. 浙江水利科技,2001(6).

[99] 王晓明,刘少君. 计算机地理信息系统(GIS)在农田水利上的应用[J]. 信息技术,2002(8).

[100] 李少华,沈冰. 地理信息系统在洪水预报中的应用[J]. 西北水力发电,2002(3).

[101] 陈志远,项彦生,赵思建. ArcSDE 在水利多用户显示系统中的应用[J]. 浙江水利科技,2003(1).

[102] 王晓峰,李欣苗. 关中地区大型灌区信息管理决策支持系统应用研究[J]. 中国生态农业学报, 2002(9).

[103] Chowdary V M,Rao N H,Sarma P B S . GIS-based decision support system for groundwater assessment in large irrigation project areas[J]. Agricultural Water Management, 2003,62(3):229-252.

[104] Rowshon M K, Kwok C Y, Lee T S . GIS-based scheduling and monitoring of irrigation delivery for rice irrigation system[J]. Agricultural Water Management,2003,62(2):105-116.

[105] 毛锋,沈小华,等. ArcGIS 8 开发与实践[M]. 北京:科学出版社, 2002.

[106] 林建仁,林文广. Visual Basic6. x 程序设计[M]. 北京:中国铁道出版社,1999.

[107] 高春艳,李艳,等. Visual Basic 数据库开发关键技术与实例应用[M]. 北京:人民邮电出版社, 2004.

[108] 郭琦. Visual Basic 数据库系统开发技术[M]. 北京:人民邮电出版社,2003.

[109] 段春青,邱林,黄强. 基于混沌遗传程序设计的参考作物腾发量预测模型[J]. 水利学报,2004(6).

[110] 陈刚,陈植华,等. 基于 GIS 的水资源管理信息系统[J]. 水文地质工程地质,1998,25(6):4-6.

[111] 陈建耀,梁季阳. 柴达木盆地水资源信息系统研究[J]. 水科学进展,2000,11(1):54-58.

[112] 张卫,易连兴. 基于 GIS 的区域地下水资源管理及辅助决策系统研究[J]. 华东地质学院学报, 2000(1):11-16.

[113] 杨建强,卞建民. 基于 MapInfo 的松嫩盆地水资源开发管理信息系统[J]. 资源开发与市场,2000, 16(4):198-200.

[114] 保翰璋,李文君,等. 疏勒河流域水资源管理决策支持信息系统设计[J]. 遥感技术与应用,2002, 17(6):337-343.

[115] Fipps G,Leigh E. GIS – based management system for irrigation districts. In challenges facing irrigation and drainoge in the new millennium. Priceedings US Committee on Irrigation and Drainoge[J]. Fort Collins Colorado,USA,June 2000.